普通高等教育规划教材

U0269581

# 城市地下空间工程/地下工程专业
# 实习工作手册
## PRACTICE MANUAL
FOR URBAN UNDERGROUND SPACE ENGINEERING
AND UNDERGROUND ENGINEERING MAJORS

蒋雅君　编著
周晓军　主审

人民交通出版社股份有限公司
China Communications Press Co.,Ltd.

## 内 容 提 要

　　本书在西南交通大学土木工程学院地下工程系历年专业实习指导工作的基础上，总结和编写了城市地下空间工程和土木工程专业（地下工程方向）的教学管理工作相关的要求、表格、示例，形成一本针对性较强的实习工作手册，旨在提高城市地下空间工程专业和地下工程方向专业实践的效果，提高教学管理工作的效率，也可供开设了相关专业的院校参考使用。

　　其中给出了相应的实习工作报告、学生实习报告、相关的表格和文件等模板，可操作性很强，也可以为教师和学生提供直接的参考和借鉴。

**图书在版编目（CIP）数据**

城市地下空间工程/地下工程专业实习工作手册 / 蒋雅君编著. — 北京：人民交通出版社股份有限公司，2017.10

ISBN 978-7-114-14115-7

Ⅰ．①城… Ⅱ．①蒋… Ⅲ．①城市规划—地下工程—高等学校—教材 Ⅳ．①TU94

中国版本图书馆 CIP 数据核字（2017）第 211596 号

| | |
|---|---|
| 书　　　名 | 城市地下空间工程/地下工程专业实习工作手册 |
| 著 作 者 | 蒋雅君 |
| 责任编辑 | 王　霞　李　梦 |
| 出版发行 | 人民交通出版社股份有限公司 |
| 地　　　址 | （100011）北京市朝阳区安定门外外馆斜街 3 号 |
| 网　　　址 | http://www.ccpress.com.cn |
| 销售电话 | （010）59757973 |
| 总 经 销 | 人民交通出版社股份有限公司发行部 |
| 经　　　销 | 各地新华书店 |
| 印　　　刷 | 北京鑫正大印刷有限公司 |
| 开　　　本 | 787×1092　1/16 |
| 印　　　张 | 10.25 |
| 字　　　数 | 246 千 |
| 版　　　次 | 2017 年 10 月　第 1 版 |
| 印　　　次 | 2017 年 10 月　第 1 次印刷 |
| 书　　　号 | ISBN 978-7-114-14115-7 |
| 定　　　价 | 32.00 元 |

（有印刷、装订质量问题的图书，由本公司负责调换）

# 前　言

　　专业实习是土木工程专业本科生培养环节中的重要内容之一,也是学生在校期间将所学理论知识与工程实践相结合的重要途径,可以为学生专业课程的学习及毕业后从事实际工作奠定一定的基础,历来都是各高校极为重视的教学环节。随着国内城市地下空间资源开发和利用的快速发展,越来越多的高校开始在土木工程专业下设地下工程方向或设立城市地下空间工程专业,而如何有效地开展相应的专业实习工作、切实做好地下工程专业方向人才的培养工作,是当前国内诸多高校极为关注的课题。

　　本手册是在西南交通大学土木工程学院地下工程系历年开展专业实习与教学指导工作的基础上,结合已有的土木工程专业地下工程方向的教学管理工作相关的要求、表格和示例而形成的一本针对性较强的实习工作手册,其目的是提高地下工程方向专业实习的效果与质量,也可供开设有城市地下空间工程专业的相关院校参考使用。

　　本手册及附件的编制参照了《高等学校土木工程本科指导性专业规范》、西南交通大学土木工程专业及城市地下空间工程专业本科生的培养计划、西南交通大学针对专业实践的相关文件和要求,同时还收录了本专业教师、学生在实习工作中需要了解和掌握的部分文件和模板,但是由于国内各院校在课程体系、实习资源、内容设置以及教学管理要求上可能会存在差异,在实际执行过程中必然会有一些区别,因此相关的文件、表格和管理要求可根据各院校的实际情况进行相应的调整。

　　在本手册的编写过程中,西南交通大学土木工程学院地下工程系高波教授、王明年教授、晏启祥教授对城市地下空间工程专业的建设工作提供了很多的指导和建议,周晓军教授对本手册进行了全面的审阅和修改,郭春副教授参与了专业建设的相关工作,马龙祥讲师编写了本手册中的地下工程认识实习工作报告。西南交通大学土木工程学院副院长富海鹰教授对城市地下空间工程专业的建设工作提供了大力支持。本手册参考和总结了西南交通大学土木工程学院地下工程系仇文革教授和其他老师有关实习教学工作的成果和经验，同时还收录了西南交通大学针对专业实习的相关文件和表格，也采用了西南交通大学部分本科生的实习报告作为示例。西南交通大学土木工程学院交通土建系李建国高级工程师、金虎讲师、严健讲师对城市地下空间工程专业认识实习工作的开展及教学文件的编制做了大量的工作，其中金虎讲师、严健讲师编写了本手册中的城市地下空间工程专业认识实习工作报告。中铁隆工程集团有限公司、成都地铁有限责任公司等单位为学生实习提供了大力的支持。在此对各位老师、学生及各实习接收单位一并表示衷心感谢！

限于时间及编者能力，本手册中难免还存在一些疏漏或错误之处，请读者在使用过程中多提宝贵意见！欢迎将意见返回给编者电子邮箱：yajunjiang@ swjtu. edu. cn，以便今后进一步修改和完善，更好地为我国地下工程专业人才培养工作服务。

蒋雅君

**2017 年 7 月于成都**

# 目　录

## 第一篇　概　述

## 第二篇　认识实习（土木工程专业地下工程方向）

## 第三篇　认识实习（城市地下空间工程专业）

## 第四篇　生　产　实　习

## 第五篇 毕 业 实 习

## 第六篇 其 他 文 件

## 附　　录

# 第一篇

## 概　述

# 第一章　地下工程专业实习及要求简介

## 一、地下工程专业人才培养概况

地下工程是目前我国高等院校土木工程专业中下设的主要专业方向之一,其开设的目的是在土木工程专业的培养目标和要求范围内,通过对学生展开系统的专业知识教学、实践和训练,进而培养侧重于地下建筑与隧道工程的专业人才。毕业生可从事地下建筑与隧道工程的规划、勘测、设计、施工、养护、科研与教学、投资与运营管理等方面的工作。经过数十年的专业建设和不断努力,我国已经培养出了一定规模的地下工程专业人才,在我国铁路和公路隧道、城市地下铁道、市政工程和能源等行业领域的建设中发挥了重要作用。近年来国内地下空间开发利用方兴未艾,除了城市轨道交通(以地铁为代表)、区域交通隧道(如铁路和公路隧道)建设持续推进以外,新兴的城市地下空间开发利用形态(如城市综合管廊、城市地下综合体、地下车库、城市地下快速道路和人防工程等)也在不断涌现,导致对地下工程专业人才的需求不断增加,因此国内众多高校纷纷在土木工程专业中设立地下工程专业方向。

此外,为适应国民经济和社会发展对城市地下空间工程专业人才培养的需要,教育部于2001年批准设立了"城市地下空间工程"本科专业(专业代码080706W,专业类别属土建类),在2012年版的《普通高等学校本科专业目录》将"城市地下空间工程"列为特设专业(专业代码081005T,专业类别属土木类)。截止到2017年,已经在教育部审批或备案开设有城市地下空间工程专业的高校总数达到62所(每年通过审批或备案的高校数量统计见图1-1),尤其是2010年以后国内高校申办这个专业的积极性高涨。初步统计全国范围内每年该专业招生规模已超过3000人,加上原有土木工程专业中地下工程方向的毕业学生数量,地下工程专业方向相关学生数量的规模已经较为庞大。

西南交通大学地下工程专业方向设立于1952年(近年来每年培养的地下工程方向本科毕业生总数已经超过200人),是我国最早设立该专业的高校,经过多半个世纪的发展,在地下工程专业人才的培养方面积淀了丰富的经验,已经形成了较为完善的教学、实践和科研训练体系。结合国家重大战略需求和国民经济发展形势,西南交通大学于2016年正式开设城市地下空间工程专业并开始招生。西南交通大学基于传统土木工程专业地下工程方向人才的培养经验,目前也正在积极探索城市地下空间工程专业人才的培养模式,尤其是专业实践体系是目前重点关注的建设内容之一。土木工程专业地下工程方向与城市地下空间工程专业在知识体系、专业实践等环节的设置上存在一定的差异,但也具有较大共性。因此,本手册所收录的专业实习的相关教学及管理文件,虽然侧重点主要在土木工程专业地下工程专业方向人才的培养方面,但希望通过总结和整理西南交通大学在地下工程人才专业实习教学上的一些工作经验和做法,为国内相关院校的城市地下空间工程专业建设提供有益借鉴。

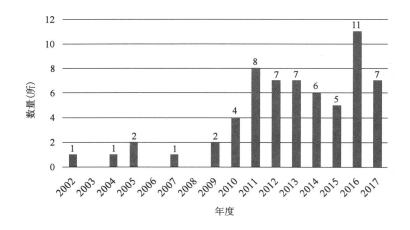

图 1-1　2002 年以来每年在教育部审批或备案开设城市地下空间工程专业的高校数量

## 二、地下工程专业实践体系简介

《高等学校土木工程本科指导性专业规范》将土木工程专业的教学内容分为专业知识体系、专业实践体系和大学生创新训练三部分,通过对有序的课堂教学、实践教学和课外实践活动的完成,从而利用各个环节培养土木工程专业人才具有符合要求的基本知识、能力和专业素质。在《高等学校土木工程本科指导性专业规范》中,将实践性教学放在了比以往更重要的位置,所列出的所有实践环节均为必修,其内涵是:学校在实践教学中要以实际工程为背景,以工程技术为主线,着力提升学生的工程素养,培养学生开展工程实践和工程创新的能力。

在土木工程专业实践体系中,主要包括实验、实习和设计三个方面的内容,具体内容如图 1-2 所示(地下工程方向专业实践体系与图 1-2 所包含的内容一致)。其中的实习领域包括认识实习、课程实习、生产实习和毕业实习四个实践及其知识与技能单元。认识实习的内容比较广泛,其目的在于增强学生对主要工程类型的感性认识,提高学生学习专业知识的兴趣;课程实习是结合课程教学进行的专项实习,主要有工程地质、工程测量和专业方向相关的课程实习;生产实习和毕业实习是核心内容,与专业方向的学习要求有关。

## 三、地下工程专业实习内容与要求

在上述的四个实习内容中,由于专业方向的课程实习与课程体系的设置关联紧密,而目前国内高校在土木工程专业地下工程方向、城市地下空间工程专业的课程设置上还存在一定的差异,以突出各高校的办学传统和特色,因此本手册未收录课程实习相关的内容,主要关注地下工程专业方向的认识实习、生产实习和毕业实习这三个实践教学环节的内容。根据《高等学校土木工程本科指导性专业规范》要求或推荐,地下工程专业方向的实习环节主要要求如表 1-1 所示。

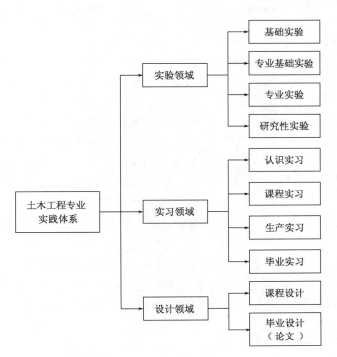

图 1-2　土木工程专业实践体系构成

**地下工程专业实习领域组成**（不含课程实习）　　　　表 1-1

| 序号 | 实践单元 | 知识与技能点 | 要求 | 推荐学时 |
|---|---|---|---|---|
| 1 | 地下工程认识实习 | 地下结构的基本特性 | 了解 | 1 周 |
| | | 工程材料的使用和性能 | 了解 | |
| | | 工程辅助系统与设施 | 了解 | |
| | | 地下工程施工技术 | 了解 | |
| 2 | 地下工程生产实习 | 工程概况、设计方案 | 熟悉 | 4 周 |
| | | 施工技术、设备及准备 | 掌握 | |
| | | 施工辅助系统与设施 | 掌握 | |
| | | 施工组织及管理 | 掌握 | |
| 3 | 地下工程毕业实习 | 同类工程的情况 | 熟悉 | 2 周 |
| | | 设计要点及步骤 | 了解 | |
| | | 施工技术及管理 | 掌握 | |
| | | 规范与标准的使用 | 熟悉 | |

　　从表 1-1 可知，地下工程专业实习体系是一个循序渐进的过程，构成一个完整的体系（图 1-3），三个层次的实习所承担的任务既有所联系，也有所区别，体现了学生在专业知识学习深度和运用能力上的梯次。

　　（1）认识实习（1 周）：是在学生完成大一阶段的基础课程和部分专业概论课程之后开展的第一次实践活动，此时由于学生对地下工程及土木工程相关方向的工程仅有初步的认识，需要通过现场参观、学习,建立起对地下工程的感性认识和初步了解相关的知识体系,提高学生对专业课程的学习兴趣,并为后续的课程学习提供实践基础。

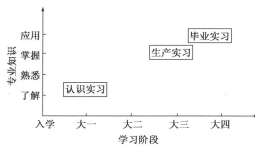

图1-3　地下工程实习体系构成

（2）生产实习（4 周）：学生此时已经完成了大部分专业课程的学习,对地下工程的规划、勘测、设计、施工、运营与管理等环节均已经具备了较为系统的理论基础,需要通过生产实习环节将理论与工程实际联系起来,熟悉地下工程从设计到施工的工作流程,并重点掌握地下工程施工技术、施工设备、施工组织和管理等方面的基本知识,初步学会运用所学专业知识分析和解决工程实际问题,为毕业设计的开展及走上工作岗位建立基本的工程素养。

（3）毕业实习（2 周）：学生结合毕业设计的开展选定类型较为明确的地下工程,继续深入地了解和掌握地下工程的设计、施工技术与管理及其相关的规范与标准,提高运用所学专业知识分析和解决工程实际问题的技能,为学生走向工程岗位奠定坚实的基础。

## 四、地下工程专业实习体系构建

根据地下工程方向专业实习开展的工作经验和《高等学校土木工程本科指导性专业规范》的相关要求,地下工程专业实习体系的构建可根据建筑工程项目全寿命周期各阶段特点,合理地安排认识实习、生产实习、毕业实习（图1-4）,三者之间既紧密联系又各有侧重,尽量减少内容的重叠,以适应学生不同阶段专业知识的学习进度,以便较为全面地涵盖地下工程的设计、施工、运营这三个主要阶段。地下工程专业实习三个阶段的开展形式、所包含的知识与技能点及要求如表 1-2 所示,形成了一个由点到面、逐步深入的专业实习体系。

图1-4　地下工程实习环节与建设工程项目阶段的关系

地下工程专业实习体系及要求（不含课程实习）　　　　　　　　　　表1-2

| 序号 | 实践单元 | 开展形式 | 知识与技能点 | 要求 |
| --- | --- | --- | --- | --- |
| 1 | 地下工程认识实习 | 参观地下工程实例,了解地下工程的应用形态、基本特性及相关知识（此实习与土木工程专业其他方向同步开展） | 地下工程的形态和用途、基本特性 | 了解 |
| | | | 地下工程的规划和建筑设计要点 | 了解 |
| | | | 地下工程的结构类型及施工技术 | 了解 |
| | | | 地下工程内部设施和运营管理 | 了解 |
| 2 | 地下工程生产实习① | 进入地下工程施工现场或者项目部,依托地下工程施工项目开展实习,掌握地下工程施工技术及管理等主要知识和技能 | 工程范围及工程规模、地质条件、水文条件、周边环境条件,设计方案等 | 熟悉 |

续上表

| 序号 | 实践单元 | 开展形式 | 知识与技能点 | 要求 |
|---|---|---|---|---|
| 2 | 地下工程生产实习① | 进入地下工程施工现场或者项目部，依托地下工程施工项目开展实习，掌握地下工程施工技术及管理等主要知识和技能 | 施工准备工作内容、施工场地布置、开挖与支护技术、主要施工工艺与参数、施工所用设备 | 掌握 |
| | | | 施工通风、防排水、供电等辅助系统及其配套设备 | 掌握 |
| | | | 施工组织机构、施工组织编制、施工工期计划与控制、施工质量与造价管理等 | 掌握 |
| 3 | 地下工程毕业实习 | 进入设计院或施工现场（项目部）结合学生毕业设计题目同类工程项目开展实习，熟悉和掌握与毕业设计题目同类工程的设计、施工方法及与其相关的规范使用要求 | 调查同类工程的实际情况 | 熟悉 |
| | | | 同类工程的设计要点、步骤，并搜集相关资料 | 了解 |
| | | | 同类工程的施工技术及管理 | 掌握 |
| | | | 相关规范、标准等法规文件查阅使用 | 熟悉 |

注：①在生产实习阶段结合教学实践基地的建设工作开展，有时也会安排部分学生到设计单位从事工程设计实践工作。

以表1-2为依据，分别在不同的实习环节中设置与其对应的内容：

(1)认识实习：通常选择已运营的地铁车站、地下街、地下综合体等为对象，带领学生参观并进行讲解，以配合土木工程概论课程当中相关的专业基础知识，使学生对地下工程建立初步的感性认识，并了解相关的基本概念。一般地下工程认识实习与土木工程专业其他方向的认识实习一并开展。

(2)生产实习：主要选择地铁车站、地铁区间隧道、山岭隧道等工点，将学生分散到各工程项目部，并由现场施工技术人员指导学生展开施工实习，熟悉和掌握地下建筑与隧道工程的施工技术及工艺要点。

(3)毕业实习：主要为配合地下工程专业方向学生毕业设计的需要而开展，因此根据学生的毕业设计题目类型选择相应的工点，有针对性地深化工程施工环节的训练，并熟悉与设计和施工相关的规范的查阅和使用，进一步强化学生对地下工程的认识和理解。如果毕业设计题目为地铁车站设计类型，则也可带领学生在毕业设计阶段到运营地铁车站进行参观和实习，让学生结合实例熟悉地铁车站建筑设计的要点。

## 五、地下工程专业实习教学与管理文件

专业实习相关的文件主要包括管理文件、教学文件、考评文件、总结文件四大类，以下主要从系室执行的层面来阐述相关文件的内容及要点。

1. 实习管理文件

(1)实习组织安排办法：在学校、学院相关实习工作管理文件的基础上，对地下工程专业

实习工作开展过程的组织形式、工作职责、实习要求及注意事项、工作报告编写及文档管理等提出明确的要求,用以规范实习工作的开展。

(2)其他表格文件:围绕实习学生报名、实习准备工作及实习开展过程中各项有关活动设计相应的管理表格,以形成完备的实习管理文件(参见附录),通常由学校、学院统一制订。

2. 实习教学文件

(1)实习大纲:是实习开展的纲要性文件,与实习相关的教学内容和计划安排应在实习大纲的指导下开展,以保证地下工程专业实习能符合地下工程专业人才培养的要求,并保障学生专业实习的质量。

(2)实习任务书:根据实习大纲编写每年度各环节实习所需要开展的具体任务、内容、要点及要求(面向学生,明确学生实习需要做什么、达到什么标准)。

(3)实习计划:根据实习大纲、实习任务书、学校实习计划编写每年度实习工作开展的人员安排、实习形式、时间计划等内容(明确实习开展的时间、地点、形式、内容与安排)。

(4)实习指导书:根据实习大纲、实习任务书等相关文件,可编制与实习相关的主要知识与技能要点,将其作为专业课程教材的补充,供学生在实习中参考,有时也可用适宜的教材或参考书作为实习指导书。

3. 实习考评文件

(1)学生实习日志:由学生逐日填写当天实习的内容、要点、收获和体会,作为学生实习考评的主要依据。

(2)学生实习报告:学生在实习结束后应撰写实习报告,对实习的总体内容、收获和体会等进行全面总结,也是对学生进行实习考评的主要依据。

4. 实习总结文件

实习工作报告:由实习带队指导教师编写,全面总结实习工作中的各项内容开展情况、实习效果及特色、存在的问题及改进计划等。

## 六、对城市地下空间工程专业实习体系的探讨

就土木工程专业地下工程方向人才的培养而言,通常所依托的产业背景和专业课程体系设置是侧重于交通隧道工程的,如铁路隧道、公路隧道、地下铁道,但不少以隧道工程为主干课程体系的高校(如传统铁路院校)近年来也逐步在地下工程专业课程体系中增设了与地下空间开发和利用相关的课程,在专业实习中也穿插了与城市地下空间开发和利用相关的内容。另外,从一些已经培养了城市地下空间工程专业本科毕业生的高校了解到,其毕业生的就业去向目前仍然以从事地铁、铁路隧道、公路隧道等建设的企事业单位为主体,考研也以隧道工程专业方向为主,因此在课程体系和专业实习内容的设置上也以隧道工程为重点(尤其是在一些铁路、公路传统高校较为常见)。因此,目前土木工程专业地下工程方向与城市地下空间工程专业在人才培养方面的差异性仍然体现得不明显,这也是一些已经设置或者即将设置城市地下空间工程专业的高校近年所讨论热点问题之一。

《城市地下空间工程专业本科教学质量国家标准》(报批稿)中指出:城市地下空间工程专

业是为适应新时期城市建设的新特点而诞生的新兴专业,在充分利用地下资源与能源、提升国家社会发展水平、改善城市综合条件和加快国家现代化建设中发挥了重要作用。根据《2015中国城市地下空间发展蓝皮书》的统计,目前我国城市地下空间开发利用类型以地下交通为主(包括城市轨道交通、城市地下道路、城市地下车库等),另外城市大型地下综合体的建设已经成为城市地下空间开发利用的重点,城市综合管廊、地下真空垃圾收集系统、地下水源热泵等地下基础设施的建设也正在兴起,其中城市综合管廊在近几年内得到了前所未有的重视和开发。已经初步形成产业市场的城市地下空间开发利用形态主要包括以地铁和轻轨为代表的城市轨道交通、以城市综合管廊为代表的地下市政工程、地下停车场三大类。从以上三大类城市地下空间工程产业的发展情况可知,目前我国城市空间地下工程专业的人才需求旺盛,因此人才培养也需要围绕着城市轨道交通、城市综合管廊、地下车库等主要开发利用的形态而进行,以便更好地服务于我国目前城市地下空间资源的开发利用。

《城市地下空间工程专业本科教学质量国家标准》(报批稿)中提到:城市地下空间工程的业务范围已从工程的规划、勘测、设计、施工扩大和外延到建筑材料、管理、维护、运营、环保、物流、减灾防灾等领域,要求城市地下空间工程专业的毕业生不仅要了解所建造工程的性能,还需要考虑建造和运行代价以及其他可能带来的副作用。城市地下空间工程专业培养的人才面向工程建设的各个环节,即数据收集、计划或者规划、设计、经济分析、现场施工以及日常运营或维护。毕业生能够从事城市建设与城市地下空间资源开发与利用的规划、设计、施工、研究、投资和运营管理等方面的工作,可服务于城市规划、环境、建筑、交通运输、能源、公共安全、市政建设、防灾减灾、金融投资等行业有关城市地下工程的部分。从上述要求可知,城市地下空间工程专业人才的知识结构需要以地下工程的设计、施工为核心,再补充和拓展关于地下空间规划与开发、地下建筑学、地下空间安全与运营管理等方面的内容,以形成较为系统的地下空间开发利用知识体系。关于课程体系的设置此处不再展开讨论,仅作为城市地下空间工程专业实习问题讨论的背景和前提进行简述。

在土木工程专业地下工程方向认识实习中,由于此时学生尚未划分具体的专业方向,对将来专业方向的选择也并未有明确的想法,因此认识实习包含了土木工程专业几个主要专业方向的内容,如铁道、桥梁、地下、岩土、建工、市政等,分配给地下工程方向上的学时也较少,因此主要结合运营中的地下工程带领学生进行参观和讲解(图1-4),让学生对地下工程有直观的认识和基本的了解,所涉及的广度、深度也非常有限。待学生在大三划分专业方向之后,学习了地下工程专业方向的部分专业课程,再结合生产实习、毕业设计与毕业实习侧重对地下工程的施工、设计开展专业实践。而城市地下空间工程专业的认识实习开展相对独立,学生对专业的方向性也较为明确,因此可以在一周的认识实习时间内较为充分地考虑和设置地下工程相关的环节去让学生感知和认识,以覆盖规划、设计、施工、运营等几个主要阶段。因此在城市地下空间工程专业的认识实习中,可以安排讲座、研讨、参观实验室、参观不同形态的在建和运营地下工程等内容,让学生形成基于CDIO工程教育模式[CDIO代表构思(Conceive)、设计(Design)、实现(Implement)和运作(Operate)]的地下工程全寿命周期概念,为后续专业知识的展开学习奠定基础。

考虑到目前城市地下空间工程专业学生的就业去向和考研情况,编者认为城市地下空间工程专业人才的知识结构中,地下结构设计与施工的相关知识和技能是学生在学校期间务必重点掌握并建立实践概念的重要内容,这也是学生未来个人发展的重要基础。因此,建议在城市地下空间工程专业学生知识体系的构建中,应围绕设计、施工的内容进行重点展开,再补充城市地下空间开发所需的其他内容(如规划、勘测、地下建筑学、运营与管理、减灾防灾等)。设计环节可以通过课程设计、毕业设计进行较为充分的训练,但是施工环节只能是在生产实习阶段进行加强,因此城市地下空间工程专业的生产实习应侧重在地下工程施工现场开展。在毕业设计阶段,由于学生已经确定具体的题目,目前通常是地铁车站、区间隧道、山岭隧道等类型的设计题目,为配合毕业设计的开展,宜选择毕业设计题目同类的工点进行有针对性的实践。但有时也可能会出现生产实习内容与毕业实习内容有一定重叠的情况,因此也可以根据学生的情况让学生进入设计单位开展毕业实习,以便更好地把设计和施工有机地联系在一起。

基于上述分析和考虑,城市地下空间工程专业的专业实习体系构建的思路可明确为:认识实习阶段应让学生结合城市地下空间开发利用的形态和实例,了解地下工程的规划、设计、施工、运营全貌;生产实习让学生对地下工程的施工环节进行实践,熟悉和掌握主要的施工技术、施工管理要点;毕业实习中配合毕业设计工作的开展,让学生再进行针对性较强的深化施工实践,或进行设计实践以作为生产实习的补充。

在西南交通大学的实际执行过程中,在城市地下空间工程专业实习环节与内容的设置与建筑工程全寿命周期各阶段的关系如图1-5所示。与图1-4所示的土木工程专业地下工程方向的专业实习环节设置的区别主要在于认识实习环节:对于城市地下空间工程专业学生设置的内容覆盖面较宽,对于学生建立一个更为全面的地下工程开发利用全过程;此外,还可以适当地结合学校的实验室、试验基地资源,初步让学生了解地下工程方向的科研方法和手段。生产实习和毕业实习环节内容,目前与土木工程专业地下工程方向一致,其目的是便于利用现有的一些教学实践基地资源,另外也是为了强化城市地下空间工程专业学生的设计、施工的实践训练,便于学生就业、考研及个人发展。因此,西南交通大学所设置的城市地下空间工程专业的专业实习单元、知识与技能点与土木工程专业地下工程方向(表1-2)基本一致,主要是在认识实习环节有所区别,要求学生了解地下工程的全寿命周期各阶段的形态和过程,建立地下工程从构思、设计、实现、运作全过程的基本概念。基于以上思路,在西南交通大学2016级城市地下空间工程专业学生认识实习的开展中,实习内容包括了城市地下空间开发利用讲座以及参观地下商业街、地下车库、运营地铁车站及地下综合体、在建地铁车站施工现场、隧道试验基地及交通隧道工程教育部重点实验室,取得了较好的效果。

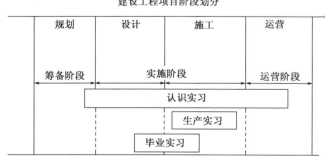

图1-5　城市地下空间工程专业实习环节与建设工程项目阶段的关系

基于以上分析,目前阶段城市地下空间工程专业的认识实习、生产实习、毕业实习的内容设置可以借鉴土木工程专业地下工程方向的做法,并结合教学和实践条件适当补充城市地下空间工程专业的一些特色内容(如城市地下空间的规划、非开挖技术、城市综合管廊、装配式地下建筑等),在实践开展过程中再持续进行总结和完善。因此,在本手册所收录的专业实习文件中,城市地下空间工程专业实习相关的主要内容主要以认识实习为主,城市地下空间工程专业的生产实习、毕业实习环节可以参照土木工程专业地下工程方向的教学文件执行。

## 七、本手册内容组织及使用说明

本手册结合专业实习教学,系统总结和整理了与土木工程专业(地下工程方向)、城市地下空间工程专业的实习教学管理工作相关的要求、表格、范本,所形成的一本专业实习工作手册,供国内相关院校参考。需要说明的是,本手册所列内容仅反映目前西南交通大学地下工程专业实习的现状,随着国内地下空间开发利用新形势的不断发展,地下工程的专业知识体系也会逐步更新,因此地下工程专业实习的内容也应当适时加以调整。由于国内各院校在课程体系、实习条件、内容设置以及教学管理要求上可能会存在差异,在实际执行过程中必然会存在一些区别,因此相关的文件、表格和管理要求应根据各院校的实际情况进行相应的调整。

按照学生实习的不同阶段,本手册对应划分为认识实习、生产实习、毕业实习三个主要部分,分别提供了相应的实习任务书、组织管理办法、实习日志及报告模板、相关的范本。

第一篇 概述:介绍了地下工程专业实习体系的构建及基本要求,并对城市地下空间工程的专业实习体系进行了初步的探讨。

第二篇 认识实习(土木工程专业地下工程方向)及第三篇 认识实习(城市地下空间工程专业):编写和收录了土木工程专业地下工程方向、城市地下空间工程专业的认识实习组织安排办法、教学文件、学生实习报告和实习工作报告示例,供认识实习指导教师和实习学生参考。

第四篇 生产实习:编写和收录了地下工程生产实习的教学文件、组织安排办法、学生实习报告和实习工作报告示例,供生产实习指导教师和实习学生参考。

第五篇 毕业实习:编写和收录了地下工程毕业实习的教学文件、组织安排办法、学生实习报告示例,供毕业实习指导教师和实习学生参考。

第六篇 其他文件及附录:收录了其他与专业实习相关的管理文件、表格模板,供教学管理人员和实习指导教师参考。

本手册中所收录的一些教师工作报告、学生实习报告等示例均源于西南交通大学土木工程学院地下工程系、交通土建系的教师和学生所撰写的实例,在手册相应位置对原作者进行了备注说明,在此向提供相关资料的教师和学生一并表示感谢!

# 第二篇

## 认识实习（土木工程专业地下工程方向）

# 第二章　地下工程认识实习组织安排办法

## 一、实习人员

根据实习的学生人数规模,原则上按 20～30 人配备 1 名指导教师,按自然班为基础将学生拆分为若干小组分别开展实习,方便组织和管理。

## 二、实习组织方式

(1)实习时间:实习时间安排以当年实习计划为准。

(2)集合地点:指导教师在与学生在指定的地点见面,分组开展实习任务。

(3)开展形式:由指导教师带领小组学生统一组织乘车出发,沿途选择参观地点进行讲解和实践。

(4)实习地点:根据交通便利、实习安全及与专业方向结合的程度就近选择合适的实习地点,可以包括地铁车站、地下街、交通枢纽、城市综合体、城市综合管廊、地下车库等参观对象,以及依托校内实验室进行参观。

## 三、指导教师职责

1. 教师分工

每次实习指定一个教师担任组长,其余教师为组员。

2. 组长职责

(1)根据实习学生名单划分小组及安排各组带队教师,明确实习任务及人员分工;

(2)规划参观路线、讲解内容及要点,联系出行车辆;

(3)参与认识实习带队工作,并保证实习安全开展和处置突发事件;

(4)汇总考勤结果,并撰写认识实习工作报告;

(5)完成其他相关实习工作。

3. 组员职责

(1)按照组长的要求及分工开展实习工作;

(2)分组进行实习指导,保障实习顺利开展;

(3)提醒学生实习注意事项,并保证实习安全开展;

(4)对学生进行考勤,结果汇总至组长处;

(5)提交实习过程资料,协助组长完成实习工作报告;

(6)协助组长完成其他实习相关工作。

## 四、实习开展流程

1.实习准备

(1)组长编制年度实习计划、实习任务书;

(2)组长获取实习学生名单,并划分学生分组名单;

(3)组长规划实习地点及路线、联系实习车辆或确定实习出行方式,召集指导教师安排相关工作;

(4)组长统一领取必要实习器材,分发给指导教师。

2.实习集合

(1)指导教师按照规定的时间提前抵达集合地点;

(2)指导教师对小组学生进行第一次点名考勤,并明确每个教学班学生的联系人及联系电话;

(3)指导教师对学生对本次实习的要点、注意事项、实习纪律进行讲解,并对实习日志、实习报告的撰写和提交要求进行说明;

(4)指导教师带领小组学生出发前往乘车地点,统一开展实习。

3.实习过程

(1)指导教师按规划的路线带领学生进行参观,向实习学生讲解参观对象的基本情况、参观要点、注意事项、管理规定;

(2)指导教师提醒学生购票乘坐地铁等公共交通工具,并遵守公共场所秩序;

(3)指导教师在实习结束后再进行点名考勤,之后带领学生乘车返回学校;

(4)指导教师在实习开展过程中随时注意学生的安全问题,如遇突发情况有权决定是否随时中断实习,并及时联系有关部门进行妥善处理;

(5)指导教师在实习过程中留存相应的实习影像资料。

4.实习结束

(1)指导教师把考勤结果汇总给组长,由组长在下学期开学第一周统一提交学院;

(2)指导教师协助组长完成认识实习工作报告及整理相关影像资料,由组长在下学期开学第一周统一提交,并归还实习器材和物资;

(3)指导教师协助组长完成其他实习相关工作。

## 五、实习工作报告编写

1.编写要点

(1)实习概况:实习时间、实习人数、实习地点;

（2）实习安排：实习开展方式、过程、指导教师及分工；

（3）实习内容：实习地点概况、实习内容及实施情况（附照片）；

（4）实习效果：实习成果总结、效果评价；

（5）问题改进：实习中尚存在的问题及改进计划。

2. 其他要求

（1）编写人员：每年度认识实习指导教师组长为报告的编写负责人，其余指导教师协助编写，并应提供相应的实习素材（影像资料等）。

（2）提交时间：在下学期开学第一周内完成并提交认识实习工作报告。

## 六、实习注意事项

（1）实习务必保证安全，杜绝一切事故发生；

（2）严格遵守国家法令、遵守所在实习单位的规章和管理制度；

（3）实习过程的文件、资料必须齐备且存档备查。

## 七、其他

未尽之处按学校、学院、系室相关实习要求和规定执行。

# 第三章 地下工程认识实习大纲(示例)

| | | | |
|---|---|---|---|
| [课程名称] | 土木工程认识实习(地下工程方向) | [课程代码] | 9990624 |
| [课程类别] | 专业实践 | [课程性质] | 必修 |
| [开课单位] | 土木工程学院 | [总学分] | 0.5 |
| [授课方式] | 参观 | [总学时] | 1天(地下工程部分) |
| [适用对象] | 土木工程专业 | | |
| [先修课程] | 土木工程概论 | | |
| [制订单位] | 土木工程学院地下工程系 | | |
| [制订人] | 蒋雅君 | [审核人] | 周晓军 |
| [制订时间] | 2017年6月30日 | | |

## 一、实习性质和目的

土木工程专业地下工程方向认识实习是土木工程专业学生在大一完成部分学科与专业基础课程后进行的第一次实践性教学环节,通过参观运营地下工程实例,对地下工程的基本概念及其作用有感性认识,为后续专业课程的学习提供实践基础。

## 二、实习任务

认识实习阶段主要需要学生完成以下任务:

(1)了解地下工程的规划方法及要点;

(2)了解地下工程的建筑布置、商业形态、环境及照明、出入口布置、地面附属建筑及设施布置;

(3)了解地下工程的结构形式、建筑材料、施工方法;

(4)了解地下交通的形式及与其他交通的换乘、客流组织方式;

(5)了解地下工程内管线及设施布置、运营管理要求、防灾与人防措施;

(6)了解隧道与地下工程实验室的概况、设备类型、科学研究试验开展方法。

## 三、实习内容和要点

地下工程方向认识实习时间安排为1天,实习地点可以根据组织实习的交通及其他条件就近进行选择,可以从如下类型(但不限于)的地下工程中选择适宜对象进行组合安排实习。

1. 地下铁道

参观运营地铁车站，了解地铁路网规划、地铁车站选址、地铁车站站台层与站厅层的建筑布局及结构形式、客流组织与动线设计、出入口形式、地面附属结构形式、地铁与其他交通方式的结合与换乘等。

实习要点包括：

（1）地铁路网规划

①地铁路网的组成：路网结构形式、车站、区间、其他；

②地铁车站的选址：车站站位布置、出入口位置、地面交通。

（2）地铁车站的建筑布置

①地铁车站的类型：地面、地下、高架车站，起终点站、中间站、换乘站；

②地铁车站的建筑布置：站厅、站台、出入口及通道、环境及标识设计。

（3）地铁车站的结构形式

①地铁车站：矩形框架或拱形结构、柱网布置；

②地铁区间隧道：矿山法区间或盾构法区间隧道结构形式。

（4）地铁车站的运营与管理

①地铁车站设施：售检票、通风及照明、监控等；

②客流组织：动线设计与换乘方式。

（5）地铁车站的商业形态

①站内商业：商业形态、布置要求；

②上盖物业：物业开发模式、商业形态及布局。

2. 城市地下综合体

参观城市地下综合体，了解城市综合体中的商业形态、建筑布局及结构形式、与地下交通的结合方式、出入口及地面附属建筑的形式等。

实习要点包括：

（1）基本概念

①城市综合体功能：商业、办公、娱乐、服务、交通、市政；

②城市地下综合体：地铁、公路隧道、人行通道、地下车库、商业等。

（2）城市地下综合体的空间组合

①竖向空间组合：地面建筑、地下街、车库、地铁车站等；

②平面空间组合：线条式、集中厅式、辐射式、组团式。

（3）城市地下综合体的建筑与结构

①总体布置：功能分区与布局、建筑与环境设计、出入口及通道、附属设施；

②结构形式：施工方法与结构形式、平面柱网。

（4）城市地下综合体的运营与管理

①运营设施：通风及照明、监控、消防等；

②人流组织：动线设计与防灾疏散。

（5）城市综合体的商业形态

①内部商业:商业形态、布置位置;

②上盖物业:物业开发模式、商业形态及布局。

3.城市交通枢纽

参观火车站等大型交通枢纽,了解交通枢纽中的交通组织方式、地铁车站的建筑布局及结构形式、客流组织与动线设计、出入口形式、地面附属结构形式、商业形态等。

实习要点包括:

(1)基本概念

①交通枢纽地下空间功能:交通、公共服务、市政基础设施;

②枢纽交通换乘设计:航空、铁路、地铁、汽车、行人等换乘方式。

(2)城市交通枢纽的空间组合

①平面布局方式:线性通道式、集中大厅式、综合式;

②竖向布置形式:商业、地铁、停车、市政设施。

(3)城市交通枢纽的建筑与结构

①建筑布置:功能分区与布局方式、建筑与环境设计;

②结构形式:施工方法与结构形式、平面柱网、出入口及通道。

(4)城市交通枢纽的运营与管理

①运营设施:通风及照明、监控、消防等;

②人流组织:动线设计与防灾疏散。

(5)城市交通枢纽的商业形态

①内部商业:商业形态、布置位置;

②上盖物业:物业开发模式、商业形态及布局。

4.地下街及人防工程

参观"平战结合"的地下街,了解人防工程的作用、人防工程结构形式、人防设备、运营管理要求、商业形态、出入口及地面附属设施及防护措施等。

实习要点包括:

(1)基本概念

①人防工程的功能:平战结合、平战转换;

②地下街的功能:交通、商业、城市环境、防灾。

(2)地下街的规划

①五个关系:地表设施、地下人行道、地下停车场、地铁、周围建筑物;

②基本要求:安全、便利、舒适、健康。

(3)地下街的建筑与结构

①建筑布置:功能分区与布局方式、建筑与环境设计、出入口及通道;

②结构形式:施工方法与结构形式、平面柱网道。

(4)地下街的运营与管理

①运营设施:通风及照明、监控、消防等;

②人流组织:动线设计与防灾疏散。

(5)地下街的人防功能

①口部防护措施:出入口、通风口、其他管线口;

②防护设备:防护门、密封通道等。

5.城市综合管廊

参观运营城市综合管廊及其监控中心,了解管廊中管线的规划和布置要求、管廊结构形式、监控设施、运营管理要求等。

实习要点包括:

(1)基本概念

①城市综合管廊的作用:节约地下空间、减少路面开挖;

②城市综合管廊的类型:干线、支线、缆线及其收纳管线。

(2)城市综合管廊的规划

①规划要点:网络形式、收纳管线、平面线形、纵断线形及埋深;

②结构组成:主体结构、附属结构、节点及特殊部位。

(3)城市综合管廊的结构形式与施工方法

①结构形式:断面形式、节点设计;

②施工方法:明挖现浇、明挖装配、顶管、盾构等。

(4)城市综合管廊的运营与管理

①运营设施:通风及照明、监控、消防、检修制度等;

②投资模式:管廊属性、投资管理(PPP模式)。

6.地下车库

参观大型地下车库(往往与地下城市综合体、城市交通枢纽等共建),了解(坡道式)地下车库的规划和布置要求、建筑布局、结构形式、内部设施、运营管理要求等。

实习要点包括:

(1)基本概念

①地下车库的作用:解决停车难的问题、节约地面空间;

②地下车库的类型:坡道式、机械式等。

(2)地下车库的规划与布局

①规划要点:地下车库的选址、与地下综合体等的关系;

②总平面设计:车库形状与地面建筑的关系、车库内动线设计。

(3)地下车库的建筑布置

①建筑组成:出入口、停车库、服务及管理设施、辅助部分;

②平面布局:停车方式、车位尺寸、行车道布置要求;

③交通组织:垂直交通组织、平面交通组织。

(4)地下车库的结构形式

①结构剖面:主要构件、层高、埋深、主要施工方法;

②结构平面:柱网布置、坡道位置。

(5)地下车库的运营与管理

①运营设施：通风及照明、监控、防灾等；

②人防设施：防护门、出入口防护措施等。

**7. 隧道工程实验室**

参观西南交通大学交通隧道工程教育部重点实验室，了解隧道工程实验室的基本概况及设备类型、隧道及地下工程领域科研试验开展流程与方法。

实习要点包括：

（1）实验室概况：成立时间、人员组成、研究方向、所承担的科研项目及成果；

（2）试验设备类型及基本功能：隧道二维相似模拟试验系统、隧道三维应力场模拟试验系统、盾构隧道原型管片试验加载装置、浅埋隧道环境模拟试验系统、浅埋隧道立式模型试验台架、隧道纵向结构模型试验台架、多功能盾构隧道原型结构加载试验系统、高速列车车隧气动效应模型试验装置等；

（3）科研试验方法：模型的设计和制作、模型试验步骤、测试数据采集与处理、试验结果分析方法等。

## 四、实习形式与安排

一般以自然班为基础分组，跟随带队指导教师进行全程参观实习。学生应提前预习相关知识要点、全程参与认识实习并遵守实习相关规定，实习中认真记录和理解实习要点，采集必要的影像资料，实习结束后提交实习日志和实习报告。

实习安排详见当年度的实习计划。

## 五、指导教师职责

**1. 教师分工**

每次实习指定一个教师担任组长，其余教师为组员。

**2. 组长职责**

（1）根据实习学生名单划分小组及安排各组带队教师，明确实习任务及人员分工；

（2）规划参观路线、讲解内容及要点，联系出行车辆；

（3）参与认识实习带队工作，并保证实习安全开展和处置突发事件；

（4）汇总考勤结果，并撰写认识实习工作报告；

（5）完成其他相关实习工作。

**3. 组员职责**

（1）按照组长的要求及分工开展实习工作；

（2）分组进行实习指导，保障实习顺利开展；

（3）提醒学生实习注意事项，并保证实习安全开展；

（4）对学生进行考勤，结果汇总至组长处；

（5）提交实习过程资料，协助组长完成实习工作报告；

（6）协助组长完成其他实习相关工作。

## 六、学生实习要求

1. 实习纪律

（1）学生必须严格遵守实习纪律，服从实习队伍的统一安排，全程参与实习，不得无故缺勤；

（2）实习中注意人身及财产安全，有异常情况及时通知带队教师；

（3）实习过程中认真听讲，拍摄必要照片，并记录实习要点；

（4）实习中不得大声喧哗吵闹，注意个人言行举止，不得破坏公共秩序；

（5）实习结束后认真整理心得体会，按时完成实习日志和实习报告。

2. 实习日志

学生每次参观后应及时填写实习日志，实习内容填写要点包括：

（1）实习时间、地点、单位、内容、收获和体会，也可摘抄实习实测数据资料；

（2）收获与体会填写要求：应明确、精炼、完整、准确，应说明本次实习结束后了解了什么内容，对专业的学习有何帮助，以及其他收获和感想。

3. 实习报告

实习结束后学生需撰写实习报告，在下学期开学一周内连同实习日志以班级为单位提交学院教务评定和存档，实习报告要求如下：

（1）认识参观部分：应包括参观日期、时间、参观地点、专业方向、指导教师等基本信息，以及实习参观工程的工程概况、技术特点、所用专业知识等方面，配以必要的照片和图表说明，不少于 300 字；

（2）实习认识和体会：通过总结，阐述自己对专业的兴趣、认识和理解，以及努力方向等，不少于 500 字；

（3）实习报告书写要求：用 A4 纸单面打印或手写，并装订成册；手写要求字迹工整，打印要求排版规范。

## 七、实习考核方式与成绩评分方法

根据学生的考勤和实习表现、实习日志、实习报告等材料给予评分，总评成绩按照实习综合表现（考勤、提问、纪律）占 30%、实习日志占 30%、实习报告占 40% 的比例确定。

实习成绩按照优秀、良好、中等、合格、不合格 5 个等级评定，其中优秀（90 分及以上）、良好（80~89 分）、中等（70~79 分）、及格（60~69 分）、不及格（60 分以下）。不参加考勤或无实习日志及实习报告者，成绩按"不及格"计。被评定为"不及格"的学生应重新进行认识实习。

## 八、参考资料

[1] 关宝树. 地下工程[M]. 北京:高等教育出版社,2011.

## 九、其他

根据实习时间和需要,在实习内容中也可设置系列讲座,对地下工程的发展概况、典型实例及开发利用前景、知识体系等进行介绍,提升学生参与认识实习积极性及提高实习效果和质量。

# 第四章 地下工程认识实习任务书(示例)

| 实习名称 | 2016 年土木工程认识实习(地下工程方向) | | |
|---|---|---|---|
| 学生班级 | 土木工程专业 2015 级(1)~(12)班 | 学生人数 | ××人 |
| 指导教师 | A 教授(组长)、B 副教授、C 副教授、D 讲师 | | |
| 实习时间 | 2016 年 7 月 8 日~2016 年 7 月 10 日 | | |
| 实习地点 | 成都地铁车站、交通隧道工程教育部重点实验室 | | |

## 一、实习性质和目的

土木工程专业地下工程方向认识实习是土木工程专业学生在大一完成部分学科与专业基础课程后进行的第一次实践性教学环节,通过在实习中参观运营地下工程实例,对地下工程的基本概念及其作用有感性认识,为后续专业课程的学习提供实践基础。

## 二、实习任务

认识实习阶段主要需要学生完成以下任务:
(1)了解地下工程的规划方法及要点;
(2)了解地下工程的建筑布置、商业形态、环境及照明、出入口布置、地面附属建筑及设施布置;
(3)了解地下工程的结构形式、建筑材料、施工方法;
(4)了解地下交通的形式及与其他交通的换乘、客流组织方式;
(5)了解地下工程内管线及设施布置、运营管理要求、防灾与人防措施;
(6)了解隧道与地下工程实验室的概况、设备类型、科学研究试验开展方法。

## 三、实习内容及要点

本年度地下工程方向认识实习分成两部分内容:运营地铁车站及地下城市综合体参观、交通隧道工程教育部重点实验室参观(校内),认识实习时间为 1 天。

1. 参观地铁车站(学时:0.25 天)

在成都地铁运营车站中选取犀浦站(高架车站)、中医大省医院站(换乘站)等一些地铁车站参观,了解地铁路网规划、地铁车站选址、地铁车站站台层与站厅层的建筑布局及结构形式、客流组织与动线设计、出入口形式、地面附属结构形式、换乘方式等。

本部分实习要点包括：

（1）地铁路网规划

①地铁路网的组成：路网结构形式、车站、区间、其他；

②地铁车站的选址：车站站位布置、出入口位置、地面交通。

（2）地铁车站的建筑布置

①地铁车站的类型：地面、地下、高架车站，起终点站、中间站、换乘站；

②地铁车站的建筑布置：站厅、站台、出入口及通道、环境及标识设计。

（3）地铁车站的结构形式

①地铁车站：矩形框架或拱形结构、柱网布置；

②地铁区间隧道：矿山法区间或盾构法区间隧道结构形式。

（4）地铁车站的运营与管理

①地铁车站设施：售检票、通风及照明、监控等；

②客流组织：动线设计与换乘方式。

**2. 参观地下城市综合体（学时：0.25 天）**

参观成都地铁天府广场站（地下城市综合体），了解城市综合体中的商业形态、建筑布局及结构形式、与地下交通的结合方式、出入口及地面附属建筑的形式等。实习要点包括：

（1）基本概念

①城市综合体功能：商业、办公、娱乐、服务、交通、市政；

②地下城市综合体：地铁、公路隧道、人行通道、地下车库、商业等。

（2）地下城市综合体的空间组合

①竖向空间组合：地面建筑、地下街、车库、地铁车站等；

②平面空间组合：线条式、集中厅式、辐射式、组团式。

（3）地下城市综合体的建筑与结构

①总体布置：功能分区与布局、建筑与环境设计、出入口及通道、附属设施；

②结构形式：施工方法与结构形式、平面柱网。

（4）地下城市综合体的运营与管理

①运营设施：通风及照明、监控、消防等；

②人流组织：动线设计与防灾疏散。

（5）城市综合体的商业形态

①内部商业：商业形态、布置位置；

②上盖物业：物业开发模式、商业形态及布局。

**3. 参观隧道工程实验室（学时：0.5 天）**

参观西南交通大学交通隧道工程教育部重点实验室，了解隧道工程实验室的基本概况及设备类型、隧道及地下工程领域科研试验开展流程与方法。

本部分的实习要点包括：

（1）实验室概况：成立时间、人员组成、研究方向、所承担的科研项目及成果；

（2）试验设备类型及基本功能：隧道二维相似模拟试验系统、隧道三维应力场模拟试验系统、盾构隧道原型管片试验加载装置、浅埋隧道环境模拟试验系统、浅埋隧道立式模型试验台架、隧道纵向结构模型试验台架、多功能盾构隧道原型结构加载试验系统、高速列车车隧气动效应模型试验装置等;

(3)科研试验方法:模型的设计和制作、模型试验步骤、测试数据采集与处理、试验结果分析方法等。

## 四、实习形式与安排

以自然班为基础分组,跟随带队指导教师进行全程参观实习。学生应提前预习相关知识要点、全程参与认识实习并遵守实习相关规定,实习中认真记录和理解实习要点,实习结束后提交实习日志和实习报告。

实习安排详见当年度的实习计划。

## 五、学生实习要求

1. 实习纪律

(1)学生必须严格遵守实习纪律,服从实习队伍的统一安排,全程参与实习,不得无故缺勤;

(2)实习中注意人身及财产安全,有异常情况及时通知带队教师;

(3)实习过程中认真听讲,拍摄必要照片,并记录实习要点;

(4)实习中不得大声喧哗吵闹,注意个人言行举止,不得破坏公共秩序;

(5)实习结束后认真整理心得体会,按时完成实习日志和实习报告。

2. 实习日志

学生每次参观后应及时填写实习日志,实习内容填写要点包括:

(1)实习时间、地点、单位、内容、收获和体会,也可摘抄实习实测数据资料;

(2)收获与体会填写要求:应明确、精炼、完整、准确,应说明本次实习结束后了解了什么内容,对专业的学习有何帮助,以及其他收获和感想。

3. 实习报告

实习结束后学生需撰写实习报告,在下学期开学一周内连同实习日志以班级为单位提交学院教务评定和存档,实习报告要求如下:

(1)认识参观部分:应包括参观日期、时间、参观地点、专业方向、指导教师等基本信息,以及实习参观工程的工程概况、技术特点、所用专业知识等方面,配以必要的照片和图表说明,不少于300字;

(2)实习认识和体会:通过总结,阐述自己对专业的兴趣、认识和理解,以及努力方向等,不少于500字;

(3)实习报告书写要求:用 A4 纸单面打印或手写,并装订成册;手写要求字迹工整,打印要求排版规范。

## 六、实习考核方式与成绩评分方法

根据学生的考勤和实习表现、实习日志、实习报告等材料给予评分,总评成绩按照实习综合表现(考勤、提问、纪律)占30%、实习日志占30%、实习报告占40%的比例确定。

实习成绩按照优秀、良好、中等、合格、不合格5个等级评定,其中优秀(90分及以上)、良好(80~89分)、中等(70~79分)、及格(60~69分)、不及格(60分以下)。不参加考勤或无实习日志及实习报告者,成绩按"不及格"计。被评定为"不及格"的学生应重新进行认识实习。

## 七、参考资料

[1] 关宝树. 地下工程[M]. 北京:高等教育出版社,2011.

## 八、其他

未尽之处按学校、学院、系室相关实习要求和规定执行。

# 第五章 地下工程认识实习计划(示例)

| 实习名称 | 2016 年土木工程认识实习(地下工程方向) | | |
|---|---|---|---|
| 学生班级 | 土木工程专业 2015 级(1)~(12)班 | | 学生人数 | ××人 |
| 指导教师 | A 教授(组长)、B 副教授、C 副教授、D 讲师 | | |
| 实习时间 | 2016 年 7 月 8 日~2016 年 7 月 10 日 | | |
| 实习地点 | 成都地铁车站、交通隧道工程教育部重点实验室 | | |

## 一、实习内容

根据本年度认识实习任务书,本次认识实习包括 2 部分内容:

(1)地铁车站参观:在成都地铁选取部分站点进行参观,从地铁 2 号线犀浦站开始,重点选取犀浦站(高架车站)、中医大省医院站(换乘站)、天府广场站(地下城市综合体)等一些具有代表性的地铁车站参观;

(2)实验室参观:以西南交通大学交通隧道工程教育部重点实验室(九里校区内)为对象,了解隧道工程实验室的基本概况及设备类型、隧道及地下工程领域科研试验开展流程与方法。

实习要点详见实习任务书。

## 二、实习形式

将实习学生以自然班为基础拆分为三个大组,分时间安排实习(详见表5-1),每位指导教师每次带一个自然班开展实习,学生全程跟随指导教师参观。

实习总体分组情况　　　　　　　　　　　　　　　　表 5-1

| 日期 | 第 1 天<br>2016 年 7 月 8 日 | 第 2 天<br>2016 年 7 月 9 日 | 第 3 天<br>2016 年 7 月 10 日 |
|---|---|---|---|
| 学生 | 土木 2015(1)班 | 土木 2015(5)班 | 土木 2015(9)班 |
| | 土木 2015(2)班 | 土木 2015(6)班 | 土木 2015(10)班 |
| | 土木 2015(3)班 | 土木 2015(7)班 | 土木 2015(11)班 |
| | 土木 2015(4)班 | 土木 2015(8)班 | 土木 2015(12)班 |
| 指导教师 | A、B、C、D | A、B、C、D | A、B、C、D |

## 三、时间安排

（1）实习时间：每次实习当天 07:40（集合时间）～17:00（结束时间）。

（2）集合地点：犀浦校区北区校车站。

（3）时间安排：每次实习当天的时间计划安排详见表 5-2。

**实习地点及时间安排** 表 5-2

| 时　　间 | 地　　点 | 实 习 内 容 |
|---|---|---|
| 7:40 | 犀浦校区北区校车站 | 集合及讲解实习内容和要点、注意事项，步行去车站 |
| 8:30 | 犀浦地铁站 | 参观及讲解高架车站要点 |
| 9:30 | 中医大省医院站 | 参观及讲解换乘站要点 |
| 10:30 | 天府广场站 | 参观及讲解地下城市综合体要点 |
| 12:00～13:30 | 返回九里校区 | 午餐及休息 |
| 14:30～16:00 | 隧道实验室 | 参观及介绍隧道实验室 |
| 17:00 | 犀浦校区北区校车站 | 抵达学校犀浦校区，实习结束 |

## 四、经费预算（表 5-3）

**经 费 预 算** 表 5-3

| 项 目 名 称 | 实习经费的具体事项（耗材等） | 经 费 预 算 |
|---|---|---|
| 交通 | | |
| 住宿 | | |
| 其他 | | |
| 经费合计 | | |

# 第六章　地下工程认识实习学生实习报告（示例）❶

| | | | |
|---|---|---|---|
| 课程名称： | **认识实习** | 课程代码： | **9990624** |
| 实习日期： | **2017.07.08** | 学　　分： | **0.5** |
| 参观地点： | **成都地铁、隧道实验室** | 专业方向： | **地下工程** |
| 指导教师： | | | |

## 一、参观主要内容

### 1. 成都地铁车站

我们乘坐成都地铁 2 号线参观了犀浦站（高架）、中医大省医院站（同台换乘站）。在参观的过程中老师讲解了地铁的相关知识，包括地铁路网规划、地铁车站的建筑布置、地铁车站的结构形式、地铁车站的运营管理等内容。

地铁车站是客流的主要集散地，满足乘客购票、乘车、出站等需要，因此在地铁车站的建筑及设施布置上主要围绕乘客的需要进行考虑，分为站厅层、站台层（图 6-1、图 6-2）。两层的功能有所区别，并设置出入口及通道以满足乘客进站、出站的需要，在站内还要进行合理的分区（付费区和非付费区）和标识设计。中医大省医院站是 2 号线和 4 号线的同台换乘，根据老师的讲解得知同台换乘有同向同台换乘和双向同台换乘，在中医大省医院站两端区间隧道的设计中采用上下平行交错的线路，以完成同台换乘，方便乘客出行。

图 6-1　地铁车站站厅层

图 6-2　地铁车站站台层

---

❶ 本实习报告节选自西南交通大学 2016 级茅以升学院土木 1 班学生刘心然的 2017 年暑期地下工程方向认识实习报告，文中部分照片来自该班其他学生的实习报告及交通隧道工程教育部重点实验室网站（http://tte. swjtu. edu. cn），蒋雅君副教授进行了修改和补充。

成都地铁目前车站主要为明挖法施作,因此主要是矩形结构,并在车站中部沿纵向布置一列或两列柱子(图6-3)。成都地铁的区间隧道主要采用盾构机进行施工,并采用预制好的管片进行拼装成型(图6-4),大大提高了施工效率和安全性。

图6-3　地铁车站柱子　　　　　　　　　　　　图6-4　地铁区间隧道

## 2.天府广场站及地下车库

成都地铁天府广场站是一个地下综合体,不仅是地铁1号线、2号线的换乘车站,还有地下车库、地下商业等内容,地面是天府广场,具备商业、交通、停车等功能,也是成都市的一张名片。

天府广场站为地下四层结构,竖向分层分别为:地下一层是下沉广场布置了商铺,地下二层是站厅层,地下三层和地下四层分别是成都地铁一号线、二号线的站台层,旁边还布置有地下停车场。在平面布置上,天府广场站基本与天府广场的形状一致,分别布置了地铁车站及商业、地下停车场,是一个广场式的地下综合体(图6-5)。

图6-5　天府广场地面情况

天府广场的地下停车场是 P + R(Park and Ride)型地下停车场(图6-6),车主可以在上班时把车停到 P + R 停车场,再换乘地铁去上班,以避免城市涌入大量的小汽车,减少拥堵。车辆通过坡道、出入口进出地下停车场,在进行设计和建筑布置的时候需要根据车辆、行人、管理等动线进行车库内行车道、车位、管理设施和用房等布置,在柱网的布置上也需要兼顾结构受力需要和停车位尺寸的限制区域。天府广场地下停车场还具有人防功能,因此里面还布置了防护门等人防设施,以便发生战争时具备人员避难和防护能力。

## 3.交通隧道工程教育部重点实验室

交通隧道工程教育部重点实验室位于学校的九里校区(图6-7),该实验室主要的研究领域为交通隧道工程的设计、施工、维修、防灾等,承担了许多国家级项目的研究,为我国交通隧道工程的建设和发展做出了很大贡献。

图 6-6　地下停车场　　　　　　　　图 6-7　交通隧道工程教育部重点实验室

老师带我们参观了实验室，介绍了实验室内的一些实验装置和设备（图 6-8、图 6-9），包括隧道二维相似模拟试验系统、三维应力场模拟试验系统、隧道模型试验台架、盾构管片加载试验装置、高速列车车隧气动效应模型试验装置等。其中让我印象最深刻的是一个盾构机的模型，很直观地展示了盾构机的构造、运转原理。老师还介绍了一些实验室目前正在开展的科研项目，以及地下工程系科研项目的开展流程和方法，让我们对科研也有了一些基本的认识。

图 6-8　实验室大厅　　　　　　　　　图 6-9　盾构机模型

## 二、认识和体会

本次认识实习让我对地下工程及其作用有了更深的认识，了解到地下工程的范围很广，包括地铁、隧道、地下停车场、地下过街通道、地下建筑物、地下综合体等不同类型，为现代城市的可持续发展做出了贡献。随着城市人口的不断增加，拓展地下空间就成为了新的发展方向，因此地下工程的发展前景非常广阔。我国近年来地下工程发展很快，以成都为例目前已开通了7 条地铁线路，地下商场、地下步行街、城市综合体、地下停车场等在城区内也不断涌现，同时许多地下工程还具有人防工程的功能，发挥着"平战结合、平战转换"的作用，其重要性不言而喻。

　　本次实习让我认识到地下工程的重要性及其良好的发展前景,提高了我对地下工程的学习兴趣。在今后的学习中,我想重点掌握地下工程的规划、设计、施工、维修等方面的知识,并多关注这方面的最新发展和动态,比如要关注近年发展很快的城市综合管廊等城市地下工程,更好地把专业知识和实际应用进行结合,努力为我国地下工程的发展做出贡献。

# 第七章 地下工程认识实习 工作报告（示例）[1]

土木工程学院地下工程系于 2016 年 7 月 8 日~10 日组织开展了土木工程专业 2015 级学生的地下工程方向认识实习，现将实习工作开展情况总结如下。

## 一、实习安排

本次认识实习由地下工程系 A、B、C 以及 D 共计 4 位指导教师具体组织实施，其中 A 为指导教师组长进行实习工作的安排和实习路线的规划。实习学生为土木工程学院 2015 级土木工程专业学生，共计××名。本次认识实习由于学生人数较多，一共分成 3 次开展，每次实习时间均为 1 天。每次将学生按照自然班为基础进行分成 4 组，每组由 1 位指导教师带领开展认识实习，实习结束后学生由指导教师统一安全带回学校。

本年度认识实习包括两个部分的内容：成都地铁运营车站参观及交通隧道工程教育部重点实验室（校内）参观。在参观的过程中通过教师实时实地的讲解及与学生的互动，让学生在现场实际场景中建立对地下工程的基本概念，并初步了解地下工程所涉及的知识范畴。

## 二、实习内容

地铁车站参观部分主要在成都地铁 2 号线及 4 号线选取了部分站点，组织学生参观了犀浦站（高架车站）、中医大省医院站（换乘站）、天府广场站（地下城市综合体）等一些具有代表性的地铁车站（图 7-1、图 7-2）。

图 7-1　参观成都地铁天府广场站　　　　图 7-2　参观成都地铁中医大省医院站

❶ 本报告节选自西南交通大学 2016 年土木工程专业地下工程方向认识实习工作报告，由马龙祥讲师编写、申玉生副教授和杨文波副教授提供了部分照片，蒋雅君副教授进行了修改和补充。

在实习过程中,指导教师结合现场情况向学生讲解了地铁线路规划、线路平纵断面设计、车站类型、车站建筑设计、车站结构与区间隧道结构形式、地下商业开发等方面的专业知识和概念。学生也对实习参观投以极大的热情,表现出了极强的求知欲,在用心聆听教师讲解介绍的同时,积极思考,提出了不少与地铁及地下工程相关的问题,与指导教师形成了良好的互动。

图7-3 参观交通隧道工程教育部重点实验室

实验室参观以西南交通大学交通隧道工程教育部重点实验室(九里校区内)为对象(图7-3),了解隧道工程实验室的基本概况及设备类型、隧道及地下工程领域科研试验开展流程与方法。指导教师介绍了实验室的基本情况、地下工程系目前所承担的科学研究项目、研究成果在国家交通隧道工程领域所发挥的作用,以及隧道工程科学研究问题开展的基本流程和方法等,让学生对地下工程的科学研究方法有了基本的认识和了解。

## 三、实习效果及自我评价

本次实习顺利开展,取得了较好的效果。根据学生实习报告中的反馈,本次实习使他们对地下工程及其相应特点有了初步的认识和了解,并对地下工程方向及知识体系产生了浓厚的兴趣,也初步把土木工程概论课中的相关知识与实际应用进行了联系。

因此,本次地下工程认识实习达到了预期的目标和效果,为学生后续学习地下工程的专业课程奠定了较好的实践基础。

## 四、存在的问题及改进计划

在后续的认识实习中将考虑增加新的地下空间开发利用形态的参观(如城市综合管廊、城市交通枢纽),以丰富学生对地下工程的认识,提高实习的全面性和效果。

# 第三篇

## 认识实习（城市地下空间工程专业）

# 第八章　城市地下空间工程认识实习组织安排办法

## 一、实习人员

根据实习的学生人数规模,原则上按20~30人配备1名指导教师,可以按自然班为基础将学生拆分为若干小组分别开展实习,方便组织和管理。

## 二、实习组织方式

(1)实习时间:每次实习的日程安排以当年实习计划为准。

(2)开展形式:根据实习的任务,可以选择专业讲座、研讨、参观等方式由指导教师组织学生开展实习。

(3)实习地点:根据交通便利、实习安全及与专业方向结合的程度就近选择合适的实习地点,可以包括运营及在建的地铁车站、地下街、交通枢纽、城市综合体、城市综合管廊、地下车库等参观对象,以及依托校内隧道及地下工程实验室进行参观。

## 三、指导教师职责

1. 教师分工

每次实习指定1名教师担任组长,其余教师为组员。

2. 组长职责

(1)根据实习学生名单划分小组及安排各组带队教师,明确实习任务及人员分工;

(2)安排专业讲座、研讨的开展;

(3)联系和确定实习地点,规划参观路线、讲解内容及要点,联系出行车辆;

(4)参与参观实习带队工作,并保证实习安全开展和处置突发事件;

(5)汇总考勤结果,并撰写认识实习工作报告;

(6)完成其他相关实习工作。

3. 组员职责

(1)按照组长的要求及分工开展实习工作;

(2)参与讲座和研讨,对学生进行管理和指导;

(3)分组进行参观实习指导,保障实习顺利开展;

（4）提醒学生实习注意事项,并保证实习安全开展;

（5）对学生进行考勤,结果汇总至组长处;

（6）提交实习过程资料,协助组长完成实习工作报告;

（7）协助组长完成其他实习相关工作。

## 四、实习开展流程

1. 实习准备

（1）组长编制年度实习计划、实习任务书;

（2）组长获取实习学生名单,并划分学生分组名单;

（3）组长安排和组织讲座、研讨的授课教师;

（4）组长规划实习地点及路线、联系实习车辆或确定实习出行方式,召集指导教师安排相关工作;

（5）组长统一领取必要实习器材,分发给指导教师。

2. 动员大会

（1）对学生宣讲实习任务、实习分组、考核要求、实习纪律、安全教育;

（2）各组指导教师与小组学生见面,指定学生组长及联系人,收集学生信息及实习报名材料。

3. 讲座研讨

（1）授课教师按时在指定的教室开展讲座授课及组织研讨;

（2）指导教师对学生进行考勤。

4. 参观集合

（1）指导教师按照规定的时间提前抵达集合地点;

（2）指导教师对小组学生进行第一次点名考勤;

（3）指导教师对学生对本次实习的要点、注意事项、实习纪律进行讲解,并对实习日志、实习报告的撰写和提交要求进行说明;

（4）指导教师带领分组学生出发前往乘车地点,统一开展实习参观。

5. 参观过程

（1）指导教师按规划的路线带领学生进行参观,向实习学生讲解参观对象的基本情况、参观要点、注意事项、管理规定;

（2）指导教师提醒学生购票乘坐地铁等公共交通工具,并遵守公共场所秩序;

（3）指导教师在参观结束后再进行点名考勤,之后带领学生乘车返回学校;

（4）指导教师在参观开展过程中随时注意学生的安全问题,如遇突发情况有权决定是否随时中断实习,并及时联系有关部门进行妥善处理;

（5）指导教师在参观过程中留存相应的实习开展影像资料。

6. 实习结束

（1）指导教师把考勤结果汇总给组长,由组长在下学期开学第一周统一提交学院;

（2）指导教师协助组长完成认识实习工作报告及整理相关影像资料,由组长在下学期开学第一周统一提交,并归还实习器材和物资;

（3）指导教师协助组长完成其他实习相关工作。

## 五、实习工作报告编写

1.编写要点

（1）实习概况:实习时间、实习人数、实习地点;

（2）实习安排:实习开展方式、过程、指导教师及分工;

（3）实习内容:实习地点概况、实习内容及实施情况(附照片);

（4）实习效果:实习成果总结、效果评价;

（5）问题改进:实习中尚存在的问题及改进计划。

2.其他要求

（1）编写人员:每年度认识实习指导教师组长为报告的编写负责人,其余指导教师协助编写,并应提供相应的实习素材(影像资料等)。

（2）提交时间:在下学期开学第一周内完成并提交认识实习工作报告。

## 六、实习注意事项

（1）实习务必保证安全,杜绝一切事故发生;

（2）严格遵守国家法令、遵守所在实习单位的规章和管理制度;

（3）实习过程的文件、资料必须齐备且存档备查。

## 七、其他

未尽之处按学校、学院、系室相关实习要求和规定执行。

# 第九章 城市地下空间工程认识实习大纲（示例）

| | | | |
|---|---|---|---|
| [课程名称] 土木工程认识实习 | | [课程代码] 9990624 | |
| [课程类别] 专业实践 | | [课程性质] 必修 | |
| [开课单位] 土木工程学院 | | [总学分] 0.5 | |
| [授课方式] 讲座、研讨、参观 | | [总学时] 1周 | |
| [适用对象] 城市地下空间工程专业 | | | |
| [先修课程] 土木工程概论 | | | |
| [制订单位] 土木工程学院地下工程系及交通土建系 | | | |
| [制订人] 蒋雅君、李建国 | | [审核人] 周晓军 | |
| [制订时间] 2017年6月30日 | | | |

## 一、实习性质和目的

认识实习是城市地下空间工程专业学生在大一完成部分学科与专业基础课程后进行的第一次实践性教学环节，通过在实习中听取相关的专业讲座、参观在建及已运营的城市地下工程实例，对城市地下工程的基本概念及其作用有感性认识，为后续专业课程的学习提供实践基础。

## 二、实习任务

认识实习阶段主要需要学生完成以下任务：

（1）了解城市地下工程形态及规划方法；

（2）了解城市地下工程的建筑布置、商业形态、环境及照明、出入口布置、地面附属建筑及设施布置；

（3）了解城市地下工程的结构形式、建筑材料、设计方法、施工方法；

（4）了解城市地下交通的形式及与其他交通的换乘、客流组织方式；

（5）了解城市地下工程内管线及设施布置、运营管理要求、防灾与人防措施；

（6）了解隧道与地下工程实验室的概况、设备类型、科学研究试验开展方法等。

## 三、实习内容和要点

实习时间合计为一周,通过动员大会、专业讲座、研讨、参观等几种方式综合开展实习。

### (一)实习动员大会及准备

宣讲实习的相关内容及要求,让学生了解实习目的、实习任务、实习计划与安排、实习要求等情况,为后续实习的开展奠定基础及做好准备。

动员大会的要点包括:

(1)让学生了解实习任务、实习分组、考核要求、实习纪律、安全教育;

(2)指导教师与小组学生见面,对学生进行分组;

(3)督促学生领取实习材料及做好实习准备。

### (二)专业讲座及研讨

通过专业讲座、研讨等方式介绍和学习地下空间开发利用等方面的知识,让学生了解城市地下空间工程的基本概念及发展前景,并初步建立起地下工程的知识体系。

可以从以下讲座、研讨主题中选取适宜的内容进行组合安排:

1.专业讲座:地下空间开发与利用

介绍地下工程开发利用的形态、历史及现阶段的经验,让学生了解城市地下空间开发利用的实例、城市地下空间开发利用的原因和发展趋势,并布置任务要求学生查阅文献和资料,了解城市地下空间工程的开发利用前景。

讲座要点包括(但不限于):

(1)了解开发利用城市地下空间资源的原因:人口增长、城市发展空间资源紧缺、地下空间在城市可持续发展中的作用;

(2)了解地下空间开发利用历史:原始时代、古代时期、中世纪时代、近代、现代及各个时期地下工程开发利用的典型实例;

(3)了解地下空间开发利用形态类别及实例:满足人类生存安全、城市现代化发展需要、科学技术发展需要、大规模国土有效利用需要、防御和减少灾害等五方面形态及对应的实例;

(4)了解各国地下空间开发利用的经验:英国伦敦的地铁、法国巴黎的城市废弃矿穴利用、美国波士顿的道路地下化、加拿大蒙特利尔的地下城市、日本东京的共同沟等;

(5)了解未来地下空间开发利用的趋势:综合化、分层化、交通地下化、市政隧道(城市综合管廊)的开发利用等;

(6)了解城市地下空间开发前景:学生通过网络、文献数据库、图书等方式,查阅城市地下空间工程开发利用的相关文献,加深对城市地下空间开发利用前景的认识和体会。

2.专业讲座:地下工程学科知识体系

介绍地下工程学科的知识体系,以建筑项目工程的不同阶段为基础,分别介绍规划、勘测、设计、施工、运营与管理方面的知识要点,让学生对地下工程全寿命周期概念有初步认识。

讲座要点包括(但不限于):

(1)了解地下工程学科知识体系组成:由调查与规划、建筑设计与结构设计、施工、运营与管理阶段及各自对应的知识内容组成;

(2)了解地下工程调查(勘测)技术:调查阶段划分、常用工程地质勘察方法;

(3)了解地下空间规划方法:城市地下空间规划阶段,平面、竖向及空间布局方法,地下空间规划与城市发展的关系;

(4)了解地下空间的建筑设计:地下建筑布局与空间形态设计、环境装饰设计、采光设计、空间导向标识系统设计、地面附属建筑设计;

(5)了解地下工程结构设计方法:结构设计内容、结构设计流程及内容;

(6)了解地下工程施工技术:施工方法分类、明挖法施工方法、矿山法(钻爆法)施工方法、机械开挖施工方法、辅助工法;

(7)了解地下工程运营与维护:地下结构维护的目的和作用、地下结构运营管理要求、地下空间投资经营管理模式。

3.研讨:城市地下空间开发利用探讨

观看《城市地下空间探秘》系列纪录片(共8集),让学生对现阶段我国城市地下空间的开发利用有较全面的认识,并通过每集观影后的研讨,让学生初步了解城市地下空间开发利用中的基本要点。

研讨的要点包括(但不限于):

(1)人防地下空间:人防工程如何"平战结合"取得战备、经济、社会的效益?

(2)交通地下空间:地下交通如何为城市发展服务?

(3)城市综合管廊:城市综合管廊如何为确保城市地下空间资源可持续开发服务?

(4)商业地下空间:城市地下商业空间开发中存在的问题?

## (三)参观运营地下工程

实习地点可以根据组织实习的交通及其他条件就近进行选择,可以从如下类型(但不限于)对象中进行组合安排实习,让学生了解城市地下空间开发利用形态及其开发利用中的基本知识。

### 1.地下铁道

参观运营地铁车站,了解地铁路网规划、地铁车站选址、地铁车站站台层与站厅层的建筑布局及结构形式、客流组织与动线设计、出入口形式、地面附属结构形式、地铁与其他交通方式的结合与换乘等。

实习要点包括:

(1)地铁路网规划

①地铁路网的组成:路网结构形式、车站、区间、其他;

②地铁车站的选址:车站站位布置、出入口位置、地面交通。

(2)地铁车站的建筑布置

①地铁车站的形式:地面、地下、高架车站,起终点站、中间站、换乘站;

②地铁车站的建筑布置：站厅、站台、出入口及通道、环境及标识设计。

（3）地铁车站的结构形式

①地铁车站：明挖或高架、矩形框架、柱网布置；

②地铁区间隧道：矿山法区间或盾构法区间隧道结构形式。

（4）地铁的运营与管理

①地铁车站设施：售检票、通风及照明、监控等；

②客流组织：动线设计与换乘方式。

（5）地下商业形态

①站内商业：商业形态、布置要求；

②上盖物业：物业开发模式、商业形态及布局。

2. 地下城市综合体

参观地下城市综合体，了解城市综合体中的商业形态、建筑布局及结构形式、与地下交通的结合方式、出入口及地面附属建筑的形式等。实习要点包括：

（1）基本概念

①城市综合体功能：商业、办公、娱乐、服务、交通、市政；

②城市地下综合体：地铁、公路隧道、人行通道、地下车库、商业等。

（2）城市地下综合体的空间组合

①竖向空间组合：地面建筑、地下街、车库、地铁车站等；

②平面空间组合：线条式、集中厅式、辐射式、组团式。

（3）城市地下综合体的建筑与结构

①总体布置：功能分区与布局、建筑与环境设计、出入口及通道、地面附属设施；

②结构形式：施工方法与结构形式、平面柱网。

（4）地下城市综合体的运营与管理

①运营设施：通风及照明、监控、消防等；

②人流组织：动线设计与防灾疏散。

（5）城市综合体的商业形态

①内部商业：商业形态、布置位置；

②上盖物业：物业开发模式、商业形态及布局。

3. 城市交通枢纽

参观火车站等大型交通枢纽，了解交通枢纽中的交通组织方式、地铁车站的建筑布局及结构形式、客流组织与动线设计、出入口形式、地面附属结构形式、商业形态等。

实习要点包括：

（1）基本概念

①交通枢纽地下空间功能：交通、公共服务、市政基础设施、防灾；

②枢纽交通换乘设计：航空、铁路、地铁、汽车、行人等换乘方式。

（2）城市交通枢纽的空间组合

①平面布局方式：线性通道式、集中大厅式、综合式；

②竖向布置形式：商业、地铁、停车、市政设施。

（3）城市交通枢纽的建筑与结构

①建筑布置：功能分区与布局方式、建筑与环境设计；

②结构形式：施工方法与结构形式、平面柱网、出入口及通道。

（4）城市交通枢纽的运营与管理

①运营设施：通风及照明、监控、消防等；

②人流组织：动线设计与防灾疏散。

（5）城市交通枢纽的商业形态

①内部商业：商业形态、布置位置；

②上盖物业：物业开发模式、商业形态及布局。

**4. 地下街及人防工程**

参观"平战结合"的地下街，了解人防工程的作用、人防工程结构形式、人防设备、运营管理要求、商业形态、出入口及地面附属设施及防护措施等。

实习要点包括：

（1）基本概念

①人防工程的功能：平战结合、平战转换；

②地下街的功能：交通、商业、城市环境、防灾。

（2）地下街的规划

①五个关系：地表设施、地下人行道、地下停车场、地铁、周围建筑物；

②基本要求：安全、便利、舒适、健康。

（3）地下街的建筑与结构

①建筑布置：功能分区与布局方式、建筑与环境设计、出入口及通道；

②结构形式：施工方法与结构形式、平面柱网。

（4）地下街的运营与管理

①运营设施：通风及照明、监控、消防等；

②人流组织：动线设计与防灾疏散。

（5）地下街的人防功能

①口部防护措施：出入口、通风口、其他管线口；

②防护设备：防护门、密封通道等。

**5. 城市综合管廊**

参观运营城市综合管廊及其监控中心，了解管廊中管线的规划和布置要求、管廊结构形式、监控设施、运营管理要求等。

实习要点包括：

（1）基本概念

①城市综合管廊的作用：节约地下空间、减少路面开挖；

②城市综合管廊的类型：干线、支线、缆线及其内部管线。

（2）城市综合管廊的规划

①规划要点：网络形式、收纳管线、平面线形、纵断线形及埋深；

②结构组成：主体结构、附属结构、节点及特殊部位。

（3）城市综合管廊的结构设计与施工

①结构设计：断面形式、受力特点、节点设计；

②施工方法：明挖现浇、明挖装配、顶管、盾构等。

（4）城市综合管廊的运营与管理

①运营设施：通风及照明、监控、消防、检修制度等；

②投资模式：管廊属性、投资管理（PPP模式）。

6. 地下车库

参观大型地下车库（往往与地下城市综合体、城市交通枢纽等共建），了解（坡道式）地下车库的规划和布置要求、建筑布局、结构形式、内部设施、运营管理要求等。

实习要点包括：

（1）基本概念

①地下车库的作用：解决停车难的问题、节约地面空间；

②地下车库的类型：坡道式、机械式等。

（2）地下车库的规划与布局

①规划要点：地下车库的选址、与地下综合体等的关系；

②总平面设计：车库形状与地面建筑的关系、车库内动线设计。

（3）地下车库的建筑布置

①建筑组成：出入口、停车库、服务及管理设施、辅助部分；

②平面布局：停车方式、单车位面积要求、行车道要求；

③交通组织：垂直交通组织、平面交通组织。

（4）地下车库的结构形式

①结构剖面：主要构件、层高、埋深、主要施工方法；

②结构平面：柱网布置、坡道位置。

（5）地下车库的运营与管理

①运营设施：通风及照明、监控、防灾等；

②人防设施：防护门、出入口防护措施等。


**（四）参观在建地下工程**

实习地点可以根据组织实习的交通及其他条件就近选择，可以从如下类型（但不限于）对象中进行组合安排实习，让学生了解在建地下工程的施工过程及技术要点。

实习要点包括：

1. 明挖法地铁车站工点

了解明挖法修筑地下结构的主要施工过程和基本施工技术。

（1）工程概况

①基本情况：工程范围、工程规模；

②工程条件:工程地质条件、水文地质条件、周边环境条件;

③设计方案:结构形式及主要参数。

(2)主要施工技术

①施工准备:施工场地布置;

②围护结构施工技术:支挡结构形式、施工工艺;

③基坑开挖技术:施工降水方法、基坑开挖方法;

④主体结构施工技术:明挖施作顺序及要点。

**2.盾构法隧道工点**

了解盾构法修筑地下结构的主要施工过程和基本施工技术。

(1)工程概况

①基本情况:工程范围、工程规模;

②工程条件:工程地质条件、水文地质条件、周边环境条件;

③设计方案:管片结构形式及主要参数。

(2)主要施工技术

①施工准备:施工场地布置、工作井修建要求;

②盾构始发与接收技术:始发与接收方式;

③盾构正常掘进技术:施工工艺流程。

**3.矿山法隧道工点**

了解矿山法修筑地下结构的主要施工过程和基本施工技术。

(1)工程概况

①基本情况:工程范围、工程规模;

②工程条件:工程地质条件、水文地质条件、周边环境条件;

③设计方案:衬砌结构形式及主要参数。

(2)主要施工技术

①施工准备:施工场地布置;

②钻爆法施工方法:全断面或台阶法开挖法、分部开挖法等;

③钻爆开挖技术:光面爆破技术;

④隧道支护结构体系:复合式衬砌结构组成及施工流程。

### (五)参观隧道试验基地

参观西南交通大学峨眉校区隧道试验基地,了解隧道结构构造、隧道通风与防灾试验基本研究方法和手段、隧道防水基本研究方法和手段。

实习要点包括:

(1)试验基地概况:隧道试验模型建立时间、依托科研项目及工程情况;

(2)隧道通风与防灾试验模型:公路隧道基本构造、隧道通风与防灾基本要点、隧道火灾及救援技术研究方法与手段;

(3)隧道防水试验模型:隧道结构及洞门形式、隧道防水基本要求、隧道防水研究方法与手段。

### （六）参观隧道工程实验室

参观西南交通大学交通隧道工程教育部重点实验室，了解隧道工程实验室的基本概况及设备类型、隧道及地下工程领域科研试验开展流程与方法。

实习要点包括：

（1）实验室概况：成立时间、人员组成、研究方向、所承担的科研项目及成果；

（2）试验设备类型及基本功能：隧道二维相似模拟试验系统、隧道三维应力场模拟试验系统、盾构隧道原型管片试验加载装置、浅埋隧道环境模拟试验系统、浅埋隧道立式模型试验台架、隧道纵向结构模型试验台架、多功能盾构隧道原型结构加载试验系统、高速列车车隧气动效应模型试验装置等；

（3）科研试验方法：模型的设计和制作、模型试验步骤、测试数据采集与处理、试验结果分析方法等。

## 四、实习形式与安排

实习动员大会、讲座和研讨可以根据学生规模集中或分班进行，由指导教师主持在室内开展。参观部分一般以自然班为基础分组，跟随带队指导教师进行全程参观实习。学生应提前预习相关知识要点、全程参与认识实习并遵守实习相关规定，实习中认真记录和理解实习要点，采集必要的影像资料，实习结束后提交实习日志和实习报告。

实习安排详见当年度的实习计划。

## 五、指导教师职责

1. 教师分工

每次实习指定一个教师担任组长，其余教师为组员。

2. 组长职责

（1）根据实习学生名单划分小组及安排各组带队教师，明确实习任务及人员分工；

（2）安排讲座、研讨的开展；

（3）联系和确定实习地点，规划参观路线、讲解内容及要点，联系出行车辆；

（4）参与参观实习带队工作，并保证实习安全开展和处置突发事件；

（5）汇总考勤结果，并撰写认识实习工作报告；

（6）完成其他相关实习工作。

3. 组员职责

（1）按照组长的要求及分工开展实习工作；

（2）参与讲座和研讨，对学生进行管理和指导；

（3）分组进行参观实习指导，保障实习顺利开展；

（4）提醒学生实习注意事项，并保证实习安全开展；

（5）对学生进行考勤，结果汇总至组长处；

（6）提交实习过程资料，协助组长完成实习工作报告；

（7）协助组长完成其他实习相关工作。

## 六、学生实习要求

1. 实习纪律

（1）学生必须严格遵守实习纪律，服从实习队伍的统一安排，全程参与实习，不得无故缺勤；

（2）实习中注意人身及财产安全，有异常情况及时通知带队教师；

（3）实习过程中认真听讲，拍摄必要照片，并记录实习要点；

（4）实习中不得大声喧哗吵闹，注意个人言行举止，不得破坏公共秩序；

（5）实习结束后认真整理心得体会，按时完成实习日志和实习报告。

2. 实习日志

学生每次参观后应及时填写实习日志，实习内容填写要点包括：

（1）实习时间、地点、单位、内容、收获和体会，也可摘抄实习实测数据资料；

（2）收获与体会填写要求：应明确、精炼、完整、准确，应说明本次实习完后了解了什么内容，对专业的学习有何帮助，其他收获和感想。

3. 实习报告

实习结束后学生需撰写实习报告，在下学期开学一周内连同实习日志以班级为单位提交学院教务评定和存档，实习报告要求如下：

（1）专业讲座及研讨：应包括讲座日期、时间、讲座教室、专业方向、讲座题目、讲座教师等基本信息，以及讲座主要内容介绍、收获和体会，每个讲座不少于 200 字；

（2）认识参观部分：应包括参观日期、时间、参观地点、专业方向、指导教师等基本信息，以及实习参观工程的工程概况、技术特点、所用专业知识等方面，配以必要的照片和图表说明，不少于 300 字；

（3）实习认识和体会：通过总结，阐述自己对专业的兴趣、认识和理解，以及努力方向等，不少于 500 字；

（4）实习报告书写要求：用 A4 纸单面打印或手写，并装订成册；手写要求字迹工整，打印要求排版规范。

## 七、实习考核方式与成绩评分方法

根据学生的考勤和实习表现、实习日志、实习报告等材料给予评分，总评成绩按照实习综合表现（考勤、提问、纪律）占 30%、实习日志占 30%、实习报告占 40% 的比例确定。

实习成绩按照优秀、良好、中等、合格、不合格 5 个等级评定，其中优秀（90 分及以上）、良好(80~89分)、中等(70~79分)、及格(60~69分)、不及格(60分以下)。不参加考勤或无实习日志及实习报告者,成绩按"不及格"计。被评定为"不及格"的学生应重新进行认识实习。

## 八、参考资料

[1] 关宝树. 地下工程[M]. 北京:高等教育出版社,2011.

## 九、其他

可以根据实习任务和开展条件,在本大纲所列出的实习内容中进行合理选择和组合,但应包括实习动员大会、专业讲座、运营地下工程和在建地下工程参观等主要内容,让学生初步建立城市地下空间工程的规划、设计、施工、运营的全寿命周期概念。

# 第十章　城市地下空间工程认识实习任务书(示例)

| 实习名称 | 2017 年土木工程认识实习(城市地下空间工程专业) | | |
|---|---|---|---|
| 学生班级 | 城市地下空间工程专业 2016 级(1)、(2)班 | 学生人数 | 67 人 |
| 指导教师 | A 副教授(组长)、B 讲师、C 讲师 | | |
| 实习时间 | 2017 年 7 月 8 日~2017 年 7 月 12 日 | | |
| 实习地点 | 成都地铁运营车站(春熙路站及天府广场站)、太古里地下街及地下车库、成都地铁在建车站(欢乐谷站)、校内隧道试验基地及隧道实验室 | | |

## 一、实习性质和目的

认识实习是城市地下空间工程专业学生在大一完成部分学科与专业基础课程后进行的第一次实践性教学环节,通过在实习中听取相关的专业讲座、参观在建及已运营的城市地下工程实例,对城市地下工程的基本概念及其作用有感性认识,为后续专业课程的学习提供实践基础。

## 二、实习任务

认识实习阶段主要需要学生完成以下任务:
(1)了解城市地下工程形态及规划方法;
(2)了解城市地下工程的建筑布置、商业形态、环境及照明、出入口布置、地面附属建筑及设施布置;
(3)了解城市地下工程的结构形式、建筑材料、设计方法、施工方法;
(4)了解城市地下交通的形式及与其他交通的换乘、客流组织方式;
(5)了解城市地下工程内管线及设施布置、运营管理要求、防灾与人防措施;
(6)了解隧道与地下工程实验室的概况、设备类型、科学研究试验开展方法等。

## 三、实习内容及要点

本年度认识实习主要分为五大部分内容:动员大会、专业讲座及研讨、校内试验基地及实验室参观、运营地下工程参观、在建地下工程参观,实习时间为 1 周。

**（一）实习动员大会及准备**（学时：1天）

宣讲实习的相关内容及要求，让学生了解实习目的、实习任务、实习计划与安排、实习要求等情况，为后续实习的开展奠定基础及做好准备。

动员大会的要点包括：

（1）让学生了解实习任务、实习分组、考核要求、实习纪律、安全教育；

（2）指导教师与小组学生见面，对学生进行分组；

（3）督促学生领取实习材料及做好实习准备。

**（二）专业讲座及研讨**（学时：2.5天）

通过专业讲座、研讨介绍地下空间开发利用的历史及发展、利用形态、典型实例、地下工程知识体系等方面的内容，让学生了解城市地下空间工程的基本概念及发展前景，并初步建立起地下工程的知识体系，为认识实习的实践环节开展奠定基础。

1. 专业讲座：地下空间开发与利用（学时：1天）

介绍地下工程开发利用的形态、历史及现阶段的经验，让学生了解城市地下空间开发利用的实例、城市地下空间开发利用的原因和发展趋势，并布置任务要求学生查阅文献和资料，了解城市地下空间工程的开发利用前景。

讲座要点包括：

（1）了解开发利用城市地下空间资源的原因：人口增长、城市发展空间资源紧缺、地下空间在城市可持续发展中的作用；

（2）了解地下空间开发利用历史：原始时代、古代时期、中世纪时代、近代、现代及各个时期地下工程开发利用的典型实例；

（3）了解地下空间开发利用形态类别及实例：满足人类生存安全、城市现代化发展需要、科学技术发展需要、大规模国土有效利用需要、防御和减少灾害等五方面形态及对应的实例；

（4）了解各国地下空间开发利用的经验：英国伦敦的地铁、法国巴黎的城市废弃矿穴利用、美国波士顿的道路地下化、加拿大蒙特利尔的地下城市、日本东京的共同沟等；

（5）了解未来地下空间开发利用的趋势：综合化、分层化、交通地下化、市政隧道（城市综合管廊）的开发利用等；

（6）了解城市地下空间开发前景：学生通过网络、文献数据库、图书等方式，查阅城市地下空间工程开发利用的相关文献，加深对城市地下空间开发利用前景的认识和体会。

2. 专业讲座：地下工程学科知识体系（学时：1天）

介绍地下工程学科的知识体系，以建筑项目工程的不同阶段为基础，分别介绍规划、勘测、设计、施工、运营与管理方面的知识要点，让学生对地下工程全寿命周期概念有初步认识。

讲座要点包括：

（1）了解地下工程学科知识体系组成：由调查与规划、建筑设计与结构设计、施工、运营与管理阶段及各自对应的知识内容组成；

（2）了解地下工程调查（勘测）技术：调查阶段划分、常用工程地质勘察方法；

（3）了解地下空间规划方法：城市地下空间规划阶段，平面、竖向及空间布局方法，地下空间规划与城市发展的关系；

（4）了解地下空间的建筑设计：地下建筑布局与空间形态设计、环境装饰设计、采光设计、空间导向标识系统设计、地面附属建筑设计；

（5）了解地下工程结构设计方法：结构设计内容、结构设计流程及内容；

（6）了解地下工程施工技术：施工方法分类、明挖法施工方法、矿山法（钻爆法）施工方法、机械开挖施工方法、辅助工法；

（7）了解地下工程运营与维护：地下结构维护的目的和作用、地下结构运营管理要求、地下空间投资经营管理模式。

3. 研讨：城市地下空间开发利用探讨（学时：0.5 天）

观看《城市地下空间探秘》系列纪录片（部分内容），让学生对现阶段我国城市地下空间的开发利用的有较全面认识，并通过每集观影后的研讨，让学生初步了解城市地下空间开发利用中的基本要点。

研讨的要点包括：

（1）人防地下空间：人防工程如何"平战结合"取得战备、经济、社会的效益？

（2）交通地下空间：地下交通如何为城市发展服务？

（3）城市综合管廊：城市综合管廊如何为确保城市地下空间资源可持续开发服务？

（4）商业地下空间：城市地下商业空间开发中存在的问题？

**（三）参观隧道试验基地**（学时：0.5 天）

参观西南交通大学峨眉校区隧道试验基地，了解隧道结构构造、隧道通风与防灾试验基本研究方法和手段、隧道防水基本研究方法和手段。

实习要点包括：

（1）试验基地概况：隧道试验模型建立时间、依托科研项目及工程情况等；

（2）隧道通风与防灾试验模型：公路隧道基本构造、隧道通风与防灾基本要点、隧道火灾及救援技术研究方法与手段；

（3）隧道防水试验模型：隧道结构及洞门形式、隧道防水基本要求、隧道防水研究方法与手段。

**（四）参观运营地下工程**（学时：0.5 天）

本次实习所选取的运营地下工程类型主要包括地下街（太古里地下街）、地下车库（太古里地下车库）、地铁车站（成都地铁春熙路站）及地下城市综合体（成都地铁天府广场站）。通过参观以上运营城市地下工程，让学生了解城市地下空间开发利用形态及其开发利用中的基本知识。

1. 地下街及地下车库

参观太古里地下街及其地下车库，了解地下街及地下车库的作用与规划、人防工程的功能与结构形式、人防设备、运营管理要求、商业形态、出入口及地面附属设施形式及防护措施等。

实习要点包括：

（1）基本概念

①人防工程的功能：平战结合、平战转换；

②地下街的功能：交通、商业、城市环境、防灾；

③地下车库的作用：解决停车难的问题、节约地面空间。

（2）地下街及地下车库的规划

①地下街规划要点：五个关系（地表设施、地下人行道、地下停车场、地铁、周围建筑物）、一个基本要求（安全、便利、舒适、健康）；

②地下车库规划要点：地下车库的选址、与地下街等的关系。

（3）地下街及地下车库的建筑与结构

①建筑布置：功能分区与布局方式、建筑与环境设计、出入口及通道；

②结构形式：施工方法与结构形式、平面柱网。

（4）地下街及地下车库的运营与管理

①运营设施：通风及照明、监控、消防等；

②人流组织：动线设计与防灾疏散。

（5）地下街及地下车库的人防功能

①口部防护措施：出入口、通风口、其他管线口；

②防护设备：防护门、密封通道等。

2. 地铁车站及城市地下综合体

参观春熙路站（换乘站）及天府广场地铁车站（城市地下综合体），了解地铁车站选址与规划、地铁车站及地下综合体建筑布局及结构形式、客流组织与动线设计、出入口形式、地面附属结构形等。

实习要点包括：

（1）基本概念

①地铁车站的选址与规划：车站站位布置、出入口位置、地面交通；

②城市综合体功能：商业、办公、娱乐、服务、交通、市政。

（2）城市地下综合体的空间组合

①竖向空间组合：地面建筑、地下街、车库、地铁车站等；

②平面空间组合：线条式、集中厅式、辐射式、组团式。

（3）地铁车站及地下综合体的建筑与结构

①建筑布置：站厅、站台、出入口及通道、环境及标识设计；

②结构形式：施工方法与结构形式、平面柱网。

（4）地铁车站及地下综合体的运营与管理

①运营设施：售检票、通风及照明、监控等；

②客流组织：动线设计与换乘方式。

（5）地下商业形态

①内部商业：商业形态、布置要求；

②上盖物业：物业开发模式、商业形态及布局。

### (五)参观在建地铁车站工点(学时:0.25 天)

本次实习所选取的在建工程类型为明挖法地铁车站工点(成都地铁欢乐谷站),让学生了解明挖法修筑地下结构的主要施工过程及基本施工技术。

实习要点包括:

(1)工程概况

①基本情况:工程范围、工程规模;

②工程条件:工程地质条件、水文地质条件、周边环境条件;

③设计方案:结构形式及主要参数。

(2)主要施工技术

①施工准备:施工场地布置;

②围护结构施工技术:支挡结构形式、施工工艺;

③基坑开挖技术:施工降水方法、基坑开挖方法;

④主体结构施工技术:明挖施作顺序及要点。

### (六)参观隧道工程实验室(学时:0.25 天)

参观西南交通大学交通隧道工程教育部重点实验室,了解隧道工程实验室的基本概况及设备类型、隧道及地下工程领域科研试验开展流程与方法。

实习要点包括:

(1)实验室概况:成立时间、人员组成、研究方向、所承担的科研项目及成果;

(2)试验设备类型及基本功能:隧道二维相似模拟试验系统、隧道三维应力场模拟试验系统、盾构隧道原型管片试验加载装置、浅埋隧道环境模拟试验系统、浅埋隧道立式模型试验台架、隧道纵向结构模型试验台架、多功能盾构隧道原型结构加载试验系统、高速列车车隧气动效应模型试验装置等;

(3)科研试验方法:模型的设计和制作、模型试验步骤、测试数据采集与处理、试验结果分析方法等。

## 四、实习形式与安排

动员大会、讲座和研讨由指导教师主持在室内集中开展,参观部分以自然班为基础分组,跟随带队指导教师进行全程参观实习。学生应提前预习相关知识要点、全程参与认识实习并遵守实习相关规定,实习中认真记录和理解实习要点,采集必要的影像资料,实习结束后提交实习日志和实习报告。

实习安排详见当年度的实习计划。

## 五、学生实习要求

### 1. 实习纪律

(1)学生必须严格遵守实习纪律,服从实习队伍的统一安排,全程参与实习,不得无故缺勤;

(2)实习中注意人身及财产安全,有异常情况及时通知带队教师;

(3)实习过程中认真听讲,拍摄必要照片,并记录实习要点;

(4)实习中不得大声喧哗吵闹,注意个人言行举止,不得破坏公共秩序;

(5)实习结束后认真整理心得体会,按时完成实习日志和实习报告。

2. 实习日志

学生每次参观后应及时填写实习日志,实习内容填写要点包括:

(1)实习时间、地点、单位、内容、收获和体会,也可摘抄实习实测数据资料;

(2)收获与体会填写要求:应明确、精炼、完整、准确,应说明本次实习完后了解了什么内容,对专业的学习有何帮助,其他收获和感想。

3. 实习报告

实习结束后学生需撰写实习报告,在下学期开学一周内连同实习日志以班级为单位提交学院教务评定和存档,实习报告要求如下:

(1)专业讲座及研讨:应包括讲座日期、时间、讲座教室、专业方向、讲座题目、讲座教师等基本信息,以及讲座主要内容介绍、收获和体会,每个讲座不少于200字;

(2)认识参观部分:应包括参观日期、时间、参观地点、专业方向、指导教师等基本信息,以及实习参观工程的工程概况、技术特点、所用专业知识等方面,配以必要的照片和图表说明,不少于300字;

(3)实习认识和体会:通过总结,阐述自己对专业的兴趣、认识和理解,以及努力方向等,不少于500字;

(4)实习报告书写要求:用A4纸单面打印或手写,并装订成册;手写要求字迹工整,打印要求排版规范。

## 六、实习考核方式与成绩评分方法

根据学生的考勤和实习表现、实习日志、实习报告等材料给予评分,总评成绩按照实习综合表现(考勤、提问、纪律)占30%、实习日志占30%、实习报告占40%的比例确定。

实习成绩按照优秀、良好、中等、合格、不合格5个等级评定,其中优秀(90分及以上)、良好(80~89分)、中等(70~79分)、及格(60~69分)、不及格(60分以下)。不参加考勤或无实习日志及实习报告者,成绩按"不及格"计。被评定为"不及格"的学生应重新进行认识实习。

## 七、参考资料

[1] 关宝树. 地下工程[M]. 北京:高等教育出版社,2011.

## 八、其他

未尽之处按学校、学院、系室相关实习要求和规定执行。

# 第十一章　城市地下空间工程认识实习计划(示例)

| 实习名称 | 2017 年土木工程认识实习(城市地下空间工程专业) | | |
|---|---|---|---|
| 学生班级 | 城市地下空间工程专业 2016 级(1)、(2)班 | 学生人数 | 67 人 |
| 指导教师 | A 副教授(组长)、B 讲师、C 讲师 | | |
| 实习时间 | 2017 年 7 月 8 日 ~ 2017 年 7 月 12 日 | | |
| 实习地点 | 成都地铁运营车站(春熙路站及天府广场站)、太古里地下街及地下车库、成都地铁在建车站(欢乐谷站)、校内隧道试验基地及隧道实验室 | | |

## 一、实习内容

根据本年度认识实习任务书,本次认识实习主要分为五大部分内容:实习动员大会、专业讲座及研讨、校内试验基地及实验室参观、运营地下工程参观、在建地下工程参观,实习时间为 1 周。

(1)动员大会:宣讲实习的相关内容及要求,让学生了解实习目的、实习任务、实习计划与安排、实习要求等情况,为后续实习的开展奠定基础及做好准备;

(2)专业讲座及研讨:包含"地下空间开发与利用"、"地下工程学科知识体系"两个专业讲座及"城市地下空间开发利用探讨"研讨;

(3)校内试验基地及实验室参观:包括峨眉隧道试验基地、交通隧道工程教育部重点实验室参观;

(4)运营地下工程参观:参观地点主要包括地铁车站及地下城市综合体(成都地铁春熙路站、天府广场站)、地下街及地下车库(太古里地下街及其地下车库);

(5)在建地铁车站参观:参观站点为成都地铁在建的欢乐谷站点。

实习要点详见实习任务书。

## 二、实习形式

本次认识实习的实习动员大会、讲座和研讨由指导教师主持在室内(4304 教室)集中开展;参观部分以自然班为基础分组,跟随指导教师进行全程参观实习。

## 三、日程安排

本次实习的日程安排如表 11-1 所示。

认识实习日程安排 表 11-1

| 日　　期 | 地　　点 | 实　习　内　容 |
|---|---|---|
| 2017 年 7 月 8 日 上午 | 4304 教室 | 动员大会 |
| 2017 年 7 月 8 日 下午 | — | 学生学习实习任务书、查阅资料 |
| 2017 年 7 月 9 日 白天 | 4304 教室 | 讲座:地下空间开发与利用 |
| 2017 年 7 月 10 日 白天 | 4304 教室 | 讲座:地下工程学科知识体系 |
| 2017 年 7 月 11 日 上午 | 4304 教室 | 研讨:城市地下空间开发利用探讨 |
| 2017 年 7 月 11 日 下午 | 峨眉校区内 | 参观隧道试验基地 |
| 2017 年 7 月 12 日 上午 | 成都 | 参观运营地下工程 |
| 2017 年 7 月 12 日 下午 | 成都 | 参观在建地铁车站工点 |
|  |  | 参观隧道工程实验室 |

## 四、经费预算（表 11-2）

经费预算 表 11-2

| 项 目 名 称 | 实习经费的具体事项（耗材等） | 经 费 预 算 |
|---|---|---|
| 交通 |  |  |
| 住宿 |  |  |
| 其他 |  |  |
| 经费合计 |  |  |

# 第十二章　城市地下空间工程认识实习学生实习报告(示例)<sup>❶</sup>

课程名称：　　__认识实习__　　　　　　　　课程代码：　　__9990624__

实习日期：__2017.07.08 ~ 2017.07.12__　　　学　　分：　　__0.5__

参观地点：　　__成都市、校内__　　　　　　专业方向：　　__城市地下空间工程__

指导教师：_____

## 一、讲座主要内容、收获、体会

### 1. 实习动员大会

实习动员大会由指导教师金虎老师和严健老师主持召开,老师宣讲了实习的相关内容及要求,包括实习目的、实习任务、实习计划与安排、实习要求等情况。随后老师也与我们讨论认识自己的重要性,说明了认识实习要从认识自己开始,以及对自己将来有一定的职业规划对于指导自己专业知识学习的重要性。

通过本次动员大会,我了解了本次认识实习的要求和一些实习安排,动员大会后我又结合土木工程概论课程所学到的一些基本知识和学习材料进行了回顾,为后续实习的开展做好准备。

### 2. 专业讲座

金虎老师和严健老师分别给我们做了"地下空间开发与利用"和"地下工程学科知识体系"的讲座。

"地下空间开发与利用"讲座介绍了地下工程开发利用的形态、历史及现阶段的经验,让我们了解了城市地下空间开发利用的实例、城市地下空间开发利用的原因和发展趋势及开发利用前景。"地下工程学科知识体系"讲座介绍了地下工程学科的知识体系,以建筑项目工程的不同阶段为基础,分别介绍规划、勘测、设计、施工、运营与管理方面的知识要点,让我们对地下工程全寿命周期概念有了感性认识。

讲座后我上网查阅了地下空间开发利用的文献和资料,尤其是针对我国目前在城市地下空间开发利用领域里重点发展的城市轨道交通、城市综合管廊等形态相关的文献进行了阅读,加深了对城市地下空间开发利用前景的认识和理解。

---

❶ 本实习报告节选自西南交通大学 2016 级城市地下空间工程专业学生罗翔、余煜的 2017 年认识实习报告,文中部分照片由金虎讲师、严健讲师提供,蒋雅君副教授进行了修改和补充。

3. 研讨

金虎老师组织我们观看了《城市地下空间探秘》系列纪录片以及《超级工程—北京地铁网络》纪录片，重点介绍了地铁、城市综合管廊、地下街等城市地下空间工程开发利用形态及相关的要点，并围绕着城市地下空间开发利用形态中的一些问题展开了讨论，比如：城市轨道交通如何与城市规划与发展相结合，更好地为城市发展服务；城市综合管廊开发利用中对城市地下空间资源的可持续性开发的作用以及目前所存在的一些问题；城市地下商业空间开发中存在的一些难点等。

通过本次研讨，同学们加深了对城市地下空间开发利用的认识和理解，并初步了解了其中的一些难点。

## 二、参观主要内容

1. 隧道试验基地

该试验基地主要有断面比例为 1：6 的隧道通风与火灾试验模型（图 12-1）与断面比例 1：2 的隧道防排水试验模型（图 12-2）。老师介绍了这两座隧道的基本情况、所依托的科研项目概况、主要研究内容及研究方法。其中隧道通风与防灾试验模型是以秦岭终南山特长公路隧道为依托，建立了对应的缩小比例的模型，采取模型试验的方法对该隧道的火灾工况下的通风、烟气情况进行了模拟和测试。隧道防水试验模型主要是用于喷膜防水技术的研究，通过建立隧道结构模型模拟隧道内防水施工的基本条件，进行防水工艺的试验和模拟，以确定喷膜防水技术的主要工艺参数。

图 12-1　隧道通风与防灾试验模型　　　　　图 12-2　隧道防水试验模型

通过参观隧道试验基地，我了解了隧道结构的基本组成、隧道通风防灾及防水的重要性，并初步了解了隧道通风防灾及防水基本的研究方法和手段。

2. 成都太古里地下街及地下停车场

老师带领我们参观了太古里地下街及地下停车场，讲解了地下商业街和地下停车场的主要构成、设计规划和注意事项等内容，并指导我们进行了一些简单的测量。

太古里地下商业街位于成都市锦江区大慈寺片区大慈寺路以南、纱帽街以东,临近春熙路商业步行街及东大街,在规划和布局上,太古里地下街与周边的大慈寺、春熙路商业圈通过地铁、地下通道、地下停车场等设施很好地形成了一个整体。整个太古里商业街分地面(图12-3)和地下两层,地下商业街与成都地铁 2 号线与 3 号线的换乘站——春熙路站相连接,地下商业街内有许多的精品超市、国际时尚精品店以及地下影院,地下商业街内的采光、照明、装饰都做的很好,空间舒适感相当好(图12-4)。

图 12-3　太古里地下商业街地面环境　　　　图 12-4　太古里地下街内部情况

防灾及疏散是地下空间开发利用中需要重点解决的难题,因此在地下商业街内设有足够宽度的防灾疏散通道,同时设置了完备指示标志。老师带领我们用卷尺测量了该商业街的一些相关设施数据(图12-5),如指示灯间距、消防栓间距、防火卷帘门高度等,并讲解了相关数据的意义,让我们认识到了地下工程防灾及按规范设计的重要性。同时,地下商业街通常还具有人防功能,通过一些人防设施能在战争时快速实现功能转换,改造为人员的避难场所。

我们通过太古里地下商业街的连接通道进入了地下停车场(图12-6),老师讲解了地下停车场平面布局、柱网结构、层高要求及管线设施。地下停车场的布局主要需要考虑车辆的进入、行车、停车、出库等动线,合理进行地下停车场的建筑布局,其中主要需要处理好停车位、柱网的关系,并合理布置相应的运营设施。太古里地下停车场顶板上布置了各种管线和设施,包括通风、照明、指示牌、消防设施等,因此地下停车场层高还需要考虑管线的安装高度。

图 12-5　测量太古里地下街内的指示灯间距　　　图 12-6　地下停车场柱网、管线布置

### 3. 成都地铁春熙路站及天府广场站

春熙路站是成都地铁 2 号线和 3 号线的换乘站,我们重点了解了春熙路站的换乘方式:2 号线换乘 3 号线时需由 2 号线站台上楼至两线共用站厅,进入 3 号线入口通道,再下楼至 3 号线对应方向站台即可完成换乘;3 号线换乘 2 号线时,下车后直接通过 3 号线站台中部楼梯下楼即可到达 2 号线站台完成换乘。

天府广场地铁站位于成都市的中心位置,处于天府广场正下方,是成都市的一个标志性建筑。它是一个换乘站,同时也是一个地下综合体,有广场、商铺、停车场和地铁站等设施。从空间组合来说,天府广场站竖向上共有 4 层:地下一层为下沉式广场和多家商铺(图 12-7),地下二层是地铁站厅层(图 12-8),地下三层是成都地铁一号线的站台层,地下四层是成都地铁二号线的站台层。从平面组合来说,天府广场站主要是充分利用了天府广场的地形,在广场下合理地布置了地铁车站、地下停车场等设施。天府广场地铁站的设计颇具特色:站厅依照广场的形状修建成 360° 环形样式,共有 10 个出入口;为了避免拥堵和快速疏散人群,一号线站台采取岛侧式站台。地铁车站的站厅层、站台层分别满足乘客购票进站、乘车等不同需要,因此在设施的布置上也有不同的考虑。比如在站厅层中,通常布置有自动售票机、进站闸机、安检设备、人工售票口等;在站台层中主要布置有屏蔽门;站厅层和站台层用自动扶梯、楼梯以及通道等连接,以实现乘客的乘车、下车、换乘等的功能。

图 12-7 天府广场的下沉式广场

图 12-8 天府广场站的站厅层

根据老师的讲解,天府广场站主要采用明挖法进行施工,即先开挖基坑,然后修筑地下结构,最后再进行回填,这也是目前城市地下工程的常见施工方法之一。在天府广场站中,根据结构受力的需要,也布置有柱网,柱距也需要根据受力、经济等方面的因素进行考虑。与太古里地下街类似,地铁车站中也需要考虑防灾的问题,通过设计足够宽度的人员疏散通道、通风及防灾设备、车站监控及报警系统、完备的指示标志等实现对火灾的自动探测、人员疏散指引、火灾扑救等功能,最大程度地保障人员的生命安全。

### 4. 成都地铁欢乐谷站

成都地铁 6 号线欢乐谷站是一个明挖法车站(施工场地如图 12-9 所示),位于西华大道东侧,欢乐谷停车场内,呈南北向布置,西侧为华侨城住宅小区。项目部的工程师带领我们进行了参观和讲解(图 12-10),我们了解到该车站总长 259.8m,标准段宽度为 22.1m,总建筑面积

18941.2m²。车站为地下两层双柱三跨 13m 岛式车站,采用明挖顺筑法施工。车站包括 4 个出入口,2 个风亭,底板埋深约 17.55m。

图 12-9 欢乐谷站施工现场

图 12-10 欢乐谷站参观

由于采用明挖法施作,因此该地铁车站的结构形式为矩形断面,并设计了有纵梁、柱、墙、板等构件,形成了一个完整的受力体系。目前该车站的主体结构已经接近完工,但是根据项目部工程师的介绍我们了解了该车站的一些开挖和修筑情况:该车站的围护结构采用的是钻孔灌注桩,做好灌注桩之后再修建冠梁和横撑,在围护结构体系的保护下才能进行开挖;开挖到底板高程后,再依次修建车站的各层主体结构;由于成都的地下水较为丰富,在基坑开挖过程中还需要进行降水;开挖过程中也需要对围护结构进行监控量测,以保证开挖的安全。

### 5. 交通隧道工程教育部重点实验室

实习的最后一站是参观交通隧道工程教育部重点实验室(图 12-11),地下工程系的老师对实验室的情况进行了讲解。根据老师的介绍,目前该实验室的主要研究领域覆盖了隧道工程的设计、施工、维修、防灾等,承担了许多国家级项目的研究,取得了多项重大研究成果,也获得了多项国家科技进步奖。

图 12-11 参观交通隧道工程教育部重点实验室

老师介绍了实验室内的一些大型装置和设备,包括隧道二维相似模拟试验系统、隧道三维应力场模拟试验系统、盾构隧道原型管片试验加载装置、浅埋隧道环境模拟试验系统、浅埋隧道立式模型试验台架、隧道纵向结构模型试验台架、多功能盾构隧道原型结构加载试验系统、高速列车车隧气动效应模型试验装置等。其中部分实验装置上正在开展实验,让我们非常震撼的是看到了盾构隧道的原型管片及在试验装置上进行加载的情况,非常直观地了解了盾构管片受力的原理及测试方法。

老师也介绍了隧道及地下工程的科研项目的一些开展流程和方法,让我们对科研也有了一些基本的认识。

### 三、认识和体会

这次实习对我而言收获是巨大的,通过形式丰富的讲座、研讨、参观,我深刻地认识了什么是地下工程、地下工程的作用、地下工程是怎么修建起来的,使我真正意识到自己是一个土木工程专业的地下工程方向的学生,开始对自己的未来有了一些规划与目标,不再如以往那般迷茫。

走在太古里的地下商业街,在老师的讲解下知道华丽的装饰下都有着怎样的深意。惊讶于规划者的周到考虑时,又幻想着自己有一天也成为那样的规划者或工程师。那时候的我又会在规划和设计地下空间时有哪些考虑呢?走在成都的各个实习地点,听着每一个知识点,我产生了一个又一个对未来的幻想。然而所有的幻想都需要现实的支持,所以想要更加努力的去学习,迫不及待的想要去学习相关知识。在工地上时,我第一次对工地的施工环境有了一个直观的认识,炙热的太阳、浑身的汗水,都让我对今后的工作有了初步的心理准备。因为这次实习我发现我对地下工程专业真的很感兴趣,有的事只要产生了兴趣,就有了坚持的动力。

这次实习让我初步培养了工科思维、大致明白了工科生应该有的专业素养、对所学专业有了更全面的认识、对今后学习有了更大的动力。认识自己,认识这个专业,看到自己的未来,坚定自己要努力的信念,这就是我通过这次实习最大的收获。

# 第十三章 城市地下空间工程认识 实习工作报告（示例）❶

按照土木工程学院的暑期实习计划,交通土建系于 2017 年 7 月 8 日 ~ 12 日组织开展了城市地下空间工程专业 2016 级学生共计 67 人的认识实习,现将实习工作实施情况总结如下。

## 一、实习总体安排

### 1. 实习开展方式及日程安排

本年度认识实习主要分为五部分内容:动员大会、专业讲座(及研讨)、校内隧道实验基地及隧道实验室参观、运营地下工程参观、在建地下工程施工参观,实习时间为 1 周。具体的实习工作安排如表 13-1 所示。

认识实习日程安排 表 13-1

| 序号 | 日 期 | 实 习 内 容 |
|---|---|---|
| 1 | 2017 年 7 月 8 日 上午 | 动员大会 |
| 2 | 2017 年 7 月 8 日 下午 | 学生学习实习任务书、查阅资料 |
| 3 | 2017 年 7 月 9 日 白天 | 专业讲座:地下空间开发与利用 |
| 4 | 2017 年 7 月 10 日 白天 | 专业讲座:地下工程学科知识体系 |
| 5 | 2017 年 7 月 11 日 上午 | 研讨:城市地下空间开发利用探讨 |
| 6 | 2017 年 7 月 11 日 下午 | 参观隧道试验基地 |
| 7 | 2017 年 7 月 12 日 上午 | 参观运营地下工程 |
| 8 | 2017 年 7 月 12 日 下午 | 参观在建地铁车站工点 |
| 9 | | 参观隧道工程实验室 |

### 2. 指导教师安排

本次实习指导教师为 A、B、C 共计 3 位教师:其中 A 为组长,总体负责本次实习工作安排及分工;B、C 负责具体执行实习的动员和准备、专业讲座、参观、实习资料整理及工作报告编写等工作。

### 3. 实习地点

本次实习的动员大会、讲座、研讨在室内(4304 教室)开展,校内试验室基地及实验室参观在峨眉校区隧道试验基地及九里校区交通隧道工程教育部重点实验室进行,运营地下工程参

---

❶ 本报告节选自西南交通大学 2017 年度城市地下空间工程专业认识实习工作报告,由金虎讲师、严健讲师编写和提供素材,蒋雅君副教授进行了修改和补充。

观在成都地铁春熙路站、太古里地下街及地下车库、天府广场地铁站进行，在建地铁车站工点参观为成都地铁 6 号线欢乐谷站。

## 二、实习准备及动员

### 1. 实习准备工作

本次认识实习开展之前，交通土建系根据学校、学院的实习计划和要求，在地下工程系的协助下制订了相应的实习教学文件和指导材料，包括实习任务书、实习计划、实习组织安排办法等，以便更为有效地开展实习工作和保证实习效果。实习指导教师提前分工进行了专业讲座、研讨内容、授课教室的准备，并联系了参观出行的车辆，以及落实了成都相关参观地点的行程和联系人。此外，提前给实习学生统一购买了意外保险并制定了相应的安全预案，为实习的开展做好了充分的准备。

### 2. 实习动员大会

在实习的第一天组织全体实习学生召开了动员大会（图 13-1），由指导教师 B、C 主持，宣讲了实习任务、考核要求、实习纪律等相关内容，尤其强调了实习安全注意事项，防止实习期间出现任何安全事故。通过此次动员会，不仅使学生了解了实习的意义，而且使学生了解了实习过程中应遵守的纪律及注意事项，有利于实习工作的进行。

## 三、专业讲座及研讨

### 1. 专业讲座

专业讲座（图 13-2）共为两天，第一天由指导教师 B 做了"地下空间开发与利用"的讲座，第二天由指导教师 C 做了"地下工程学科知识体系"的讲座。"地下空间开发与利用"讲座介绍了地下工程开发利用的形态、历史及现阶段的经验，让学生了解城市地下空间开发利用的实例、城市地下空间开发利用的原因和发展趋势及开发利用前景。"地下工程学科知识体系"讲座介绍了地下工程学科的知识体系，以建筑项目工程的不同阶段为基础，分别介绍规划、勘测、设计、施工、运营与管理方面的知识要点，让学生对地下工程全寿命周期概念有感性认识。讲座后要求学生查阅了地下空间开发利用的文献和资料，为研讨做好准备。

图 13-1　实习动员大会　　　　　　　　图 13-2　专业讲座

通过以上两天的专业讲座,使实习学生初步建立了地下空间开发利用的基本概念以及基于建筑项目工程全寿命周期的地下工程的学科知识体系,为后续的实习参观及专业课程学习奠定了一定基础。

2. 研讨

结合观看《城市地下空间探秘》系列纪录片(部分)及《超级工程—北京地铁网络》纪录片组织学生进行了研讨。通过每集观影后围绕城市地下空间开发中的一些热点问题让学生参与讨论,如地下交通如何为城市发展服务、城市综合管廊目前在应用中的优缺点等问题,让学生对现阶段我国城市地下空间的开发利用的有较全面认识,并初步了解了城市地下空间开发利用中的基本要点。

## 四、隧道试验基地及实验室参观

### 1. 隧道试验基地参观

带领学生参观了峨眉校区200m铁路实践基地中的隧道试验基地,该试验基地主要有断面比例为1∶6的隧道通风与防灾试验模型(图13-3)与断面比例1∶2的隧道防排水试验模型(图13-4)。指导教师介绍了这两座隧道的基本构造、所依托的科研项目概况,让学生了解了隧道结构的基本构造、隧道通风与防灾试验基本研究方法和手段、隧道防水基本研究方法和手段。

图13-3　隧道通风与防灾试验模型

图13-4　隧道防水试验模型

### 2. 交通隧道工程教育部重点实验室参观

组织实习学生统一乘车至九里校区参观了"交通隧道工程教育部重点实验室"(图13-5),由地下工程系教师给学生介绍了实验室基本情况、拥有的大型与专用隧道试验装备及目前实验室承担的主要科研项目情况。

图13-5　参观交通隧道工程教育部重点实验室

## 五、运营地下工程参观

组织实习学生乘车赴成都参观了几个有代表性的运营地下工程,对地下工程开发利用的形态及相关知识有所认识。

1. 成都太古里地下街及地下车库

参观了太古里地下街及相邻的地下车库（图 13-6、图 13-7），在参观过程中指导教师重点介绍了地下街及地下车库的作用及规划、建筑布置方法、结构形式、运营管理、商业形态、出入口及地面附属设施、防灾及人防措施等。

图 13-6　太古里地下商业街　　　　　　　　图 13-7　太古里地下停车场

2. 成都地铁春熙路站及天府广场站

参观了成都地铁的春熙路站（换乘站）（图 13-8）、天府广场站（换乘站及地下城市综合体）（图 13-9），通过讲解让学生了解了地铁车站选址与规划、地铁车站及地下综合体建筑布局及结构形式、客流组织与动线设计、商业形态、运营管理、出入口及地面附属结构、防灾及安全等地下空间开发利用知识。

图 13-8　春熙路站站台　　　　　　　　　图 13-9　天府广场下沉式广场

## 六、在建地铁车站参观

选择了成都地铁 6 号线土建 6 标欢乐谷站（原西华大道站）施工工点进行参观（图 13-10），该车站为地下两层双柱三跨岛式车站，采用明挖法施工。在该工点由项目部技术员引导实习学生进行参观，并介绍了车站的工程概况、地质条件、主要施工技术、施工管理等技术内容，让学生对明挖法地铁车站的施工技术有一定的感性认识。

图 13-10　成都地铁在建车站参观

# 七、实习总结

本次为期 1 周的认识实习顺利结束,由于采取了较为多样的实习方式和丰富的实习内容,总体上达到了预期的实习效果,为学生后续学习专业知识奠定了基础:

(1)通过专业讲座和研讨,让学生了解地下工程的概念、用途、分类以及地下工程学科的知识体系要点;

(2)通过参观隧道模型,让学生了解了隧道的结构形式,并对隧道通风防灾及防水有了一定认识;

(3)通过参观已建成的城市地下工程实例,让学生了解了城市地下工程的规划、建筑布置、商业形态、环境及照明、出入口布置、地面附属建筑及设施布置、防灾等内容;

(4)通过参观地铁车站施工现场,让学生对明挖法地铁车站的施工方法、施工现场布置、施工流程及施工管理有了初步的认识;

(5)通过参观交通隧道工程教育部重点实验室,让学生了解了隧道工程实验室的概况、主要设备类型、科学研究试验开展方法等内容。

## 八、存在的问题及改进措施

限于实习经费、实习条件等各方面的影响,本次实习中还存在一定问题有待改进,如:所参观的城市地下空间工程利用形态还有待补充,尤其是暂时还未包含目前发展较快的城市综合管廊;由于安全问题的限制,在地铁车站施工工点的参观时间较短,学生对地下工程的施工技术及管理方面的认识还较为有限、其他地下工程施工方法的施工过程暂时还未接触到等。

在今后的认识实习组织和开展中,将针对以上问题采取相关措施进行改进,如调整和延长运营地下工程实例的参观时间、增加城市综合管廊的参观、加强施工实习教学基地的建设等,以进一步提高和强化认识实习的效果。

# 第四篇

## 生产实习

# 第十四章 地下工程生产实习组织安排办法

## 一、实习人员

（1）指导教师：根据生产实习学生的规模、实习任务、实习工点等情况，由地下工程方向本科教学负责人担任队长，抽调教师组成若干个实习指导小组，每个小组安排不少于3名指导教师进行带队。

（2）实习学生：根据实习学生的人数规模，将学生拆分为若干小组分工点开展实习，每个工点建议不超过5名学生，以保证实习效果和质量。

## 二、实习组织方式

（1）实习时间：生产实习施工实践的起止时间以当年度实习任务书、实习计划为准。

（2）开展形式：由指导教师联系实习工点或由学院联系相关的实习基地，安排实习学生小组进入工点，学生主要在工程项目部工程技术人员的指导和带领下开展工程实践，指导教师应做好实习过程管理、实习相关协调沟通等工作。

（3）实习工点：根据实习组织开展的便利条件、实习任务书的要求，通常可选择（但不限于）地铁车站、盾构法区间、矿山法区间、山岭隧道等工点作为学生施工实践的场所。

（4）分散实习：在满足学校、学院相关管理规定的前提下，并且实习接收单位有明确的实习计划和任务时，允许部分学生至少以3人一组进行分散实习。

## 三、指导教师职责

1. 队长职责

（1）负责整个生产实习队的工作安排，完成实习前的部分准备工作，划分教师和学生的分组名单，制订实习任务与计划；

（2）组织教师和学生的动员工作、分配实习工点、负责实习队的指导、管理与安全纪律、现场协调、经费管理等；

（3）组织学生实习答辩、完成实习工作报告的汇总和编写，以及其他与实习相关的管理工作。

2.组长职责

(1)在队长的总体安排下,完成实习前的准备和动员工作;

(2)组建实习小组,与组内指导教师明确实习要点及分工等事宜;

(3)落实施工实习工点,安排实习小组学生;

(4)在实习过程中进行学生的实习指导、组织管理和安全纪律教育;

(5)组织对组内实习学生的综合考评;

(6)实习结束后,组织组内指导教师编写小组的实习工作报告;

(7)完成其他相关实习工作。

3.组员职责

(1)按照组长的要求及分工开展实习工作;

(2)进行实习指导,保障实习顺利、安全开展;

(3)对组内学生实习期间的出勤情况进行检查,处理学生请假事宜;

(4)实习结束后对组内学生进行综合考评;

(5)提交实习过程资料,协助组长完成实习工作报告;

(6)协助组长完成其他实习相关工作。

## 四、实习接收单位职责

1.实习接收单位职责

(1)按照学校、学院及实习接收单位的相关规定和要求对学生实习期间的出勤、实践、安全等活动进行全程考勤和管理;

(2)实习期间建立双方联络机制,保障实习工作顺利开展,并应制订紧急事件的应急预案;

(3)安排专人担任企业指导教师,与校内教师联合指导学生开展毕业实习工作;

(4)学生实习结束后对学生进行客观的考核评价,并出具实习鉴定证明材料。

2.企业指导教师评语要点

(1)学生在接收单位实习的时间、部门(工点项目部)、所从事的实习工作概况;

(2)学生在实习期间的综合表现,如是否遵守规章制度、与实习单位员工和实习同学的相处情况、团队意识等;

(3)学生在实习期间所参与的技术工作内容及总体表现情况;

(4)学生在实习中的收获和进步;

(5)学生是否较好地完成了实习任务和达到了实习目标。

3.实习单位负责人评价要点

(1)学生自我评价及企业指导教师评价是否客观;

(2)学生在企业实习期间的总体表现情况;

(3)对学生的期望和下一步学习建议。

## 五、实习开展流程

1. 实习准备

（1）学院或系室发布实习通知，开展学生实习报名工作；

（2）系室抽调人员组成实习指导教师小组，并将实习学生划分为对应的实习小组；

（3）队长编制年度实习计划与任务书；

（4）学院、系室或实习指导教师联系落实实习工点；

（5）队长召集指导教师召开准备工作会议，研讨年度实习的任务、内容和要求；

（6）统一购买实习学生的意外保险，并制订好实习突发事件预案及保障措施；

（7）组长根据小组学生人数、实习工点位置等情况，联系好实习接送车辆。

2. 动员大会

（1）对学生宣讲实习任务、实习分组、考核要求、实习纪律、安全教育；

（2）各组指导教师与小组学生见面，指定学生组长及联系人，收集学生信息及实习报名材料；

（3）分发或督促学生领取实习材料及安全帽等劳动保护装备，做好实习准备。

3. 施工实践

（1）根据指导教师联系的实习工点或学院联系的校外实习基地，将实习学生统一带到工程项目部或实习地点，与实习接收单位领导及施工技术人员见面，分配企业指导教师；

（2）实习接收单位组织学生安全教育，并宣讲单位管理规定和实习管理要求；

（3）实习接收单位根据实习任务、实习计划、工程进度等方面的情况，合理安排学生安全开展实习活动；

（4）指导教师应不定期对学生的出勤情况进行检查，并配合企业指导教师对学生实习进行指导和组织管理；

（5）在遇到恶劣天气等突发情况时，指导教师和实习接收单位有权及时中止实习，并妥善安置实习学生，确保学生安全；

（6）学生在实习期间，每天按时出勤，认真按照指导教师和实习接收单位的安排开展实习活动，并填写实习日志，实习结束后撰写实习报告；

（7）实习接收单位对学生实习期间的出勤、表现等情况进行综合考评，出具企业实习鉴定意见；

（8）施工实践环节结束后，指导教师将实习学生统一带回学校。

4. 实习答辩

（1）暑假结束后下学期第一周内，队长及各小组指导教师组长组织学生分组进行实习答辩，并收集学生对实习工作的意见和建议；

（2）指导教师根据学生实习日志、实习报告、实习考评、企业实习鉴定表、答辩等环节情况，对学生进行综合考评，给出实习成绩。

5. 实习结束

(1)各实习小组指导教师将实习成绩、实习材料汇总至队长处,由队长统一提交学院或系室存档;

(2)各实习小组指导教师协助组长完成小组实习工作报告,提交队长统一编写地下工程方向生产实习工作报告;

(3)队长组织实习指导教师处理实习经费,以及完成其他实习相关工作。

## 六、实习学生答辩

1. 答辩流程

(1)实习小组的学生应向指导老师组成的考评小组展示实习日志、实习报告等必要的实习证明材料;

(2)学生组长宣讲实习答辩 PPT,一般不超过 15min/组;

(3)小组成员回答考评小组指导老师的提问,限时 10min/组;

(4)考评小组指导老师评议和评定答辩成绩,并给出整改意见,限时 5min/组。

2. 答辩要点

学生答辩中主要阐述如下内容:

(1)实习概况:实习任务、时间、工点概况、实习安排等;

(2)实习内容:学生在实习中所参与的技术工作、施工流程、施工工艺、技术参数等主要技术内容;

(3)实习收获:学生在专业知识、实践能力等方面收获,以及还存在的问题。

## 七、实习工作报告编写

1. 编写要点

(1)实习概况:实习时间、实习人数等基本情况;

(2)实习安排:实习开展方式、过程、实习工点、指导教师及分工;

(3)实习准备:前期准备、动员大会、其他前期工作;

(4)实习开展:实习内容及实施情况(附照片);

(5)实习效果:实习答辩情况、实习成果总结、效果评价;

(6)问题改进:实习中尚存在的问题及改进计划。

2. 其他要求

(1)编写人员:每年度认识实习指导教师队长为报告的编写负责人,其余指导教师组长为协助人员,并应提供相应的小组实习素材(影像资料等)。

(2)提交时间:在下学期开学第一周内完成生产实习工作报告并提交。

## 八、实习注意事项

(1)实习务必保证安全,杜绝一切事故发生;

(2)严格遵守国家法令、遵守所在实习单位的规章和管理制度;

(3)实习过程的文件、资料必须齐备且存档备查。

## 九、其他

未尽之处按学校、学院、系室相关实习要求和规定执行。

# 第十五章　地下工程生产实习大纲(示例)

| | |
|---|---|
| [课程名称] 土木工程生产实习(地下工程方向) | [课程代码] 9990610 |
| [课程类别] 专业实践 | [课程性质] 必修 |
| [开课单位] 土木工程学院 | [总学分] 2 |
| [授课方式] 施工实践 | [总学时] 4 周 |
| [适用对象] 土木工程专业(地下工程方向) | |
| [先修课程] 数学类基础课程、力学类基础课程、计算机科学与技术、土木工程制图、工程地质、工程测量、建筑材料、混凝土结构设计原理、山岭隧道、地下铁道、水下隧道、地下空间利用 | |
| [制订单位] 土木工程学院地下工程系 | |
| [制订人] 蒋雅君 | [审核人] 周晓军 |
| [撰写时间] 2017 年 6 月 30 日 | |

## 一、实习性质和目的

　　土木工程专业地下工程方向生产实习是土木工程专业地下工程方向学生在已经学习了主要的专业课程之后,结合施工实际开展的专业实践活动。强调理论知识与生产应用的联系,深化理论知识的理解,熟悉和掌握地下工程应用的基本知识和技能,培养学生运用所学专业知识指导和实践地下工程的能力,为后续专业课程的学习和毕业设计的开展奠定实践基础。

## 二、实习任务

　　地下工程生产实习主要以学生进入工点(地铁车站及区间隧道、山岭隧道等类型)开展施工实践的方式进行,需要学生在实习中完成以下任务:
　　(1)熟悉常见地下工程概况:工程范围及工程规模、地质条件、水文条件、周边环境条件、设计方案等;
　　(2)掌握地下工程主要施工技术:施工准备工作内容、施工场地布置、开挖与支护技术、主要施工工艺与参数、施工所用设备;
　　(3)掌握地下工程辅助施工技术:通风、防排水、供电等辅助系统及设备;
　　(4)掌握施工管理技术:施工组织机构、施工方案编制、施工工期计划与控制、施工质量与造价管理等。

## 三、实习内容和要点

生产实习时间总计为 4 周,可通过动员大会、专业讲座、施工实践等几种方式综合开展实习。

### (一)实习动员大会及准备

宣讲实习的相关内容及要求,让学生了解实习目的、实习任务、实习计划与安排、实习要求等情况,为后续实习的开展奠定基础及做好准备。

动员大会的要点包括:

(1)让学生了解实习任务、实习分组、考核要求、实习纪律、安全教育;

(2)指导教师与小组学生见面,指定学生组长及联系人,收集学生信息及实习报名材料;

(3)分发或督促学生领取实习材料及安全帽等劳动保护装备,做好实习准备。

### (二)专业讲座

通过专业讲座强化学生理论联系实际的能力,为施工实践的开展奠定基础。可根据实习任务的需要,安排明挖法、盾构法、矿山法等施工实践相关的技术内容讲座,以及其他隧道及地下工程施工、设计相关技术内容的讲座。

专业讲座的要点包括(但不限于):

(1)让学生了解施工现场的安全要求、培养风险意识;

(2)让学生了解行业现状及概况,并初步培养工程意识和素养;

(3)结合实例的讲解,让学生熟悉专业知识在工程中的应用方法;

(4)让学生了解工程技术文档的编制方法及要求;

(5)让学术了解施工管理的内容及要求;

(6)让学生了解技术规范在工程设计、施工中的作用及使用方法;

(7)让学生对即将开始的工程实践做好准备。

### (三)施工实践

施工实践地点及工程类型应根据实习经费投入、教学实践基地的建设、组织实习的便利性、实习安全保障情况等条件综合选择,可以从如下类型(但不限于)的地下工程中选择适宜工点安排学生实习。应根据实习工点的类型、施工情况合理分配学时。

1. 明挖法地铁车站施工技术

学生进入明挖法地铁车站施工工点跟随工程进度进行施工实践,熟悉和掌握明挖法修筑地下结构的围护结构形式、开挖方法、主体结构施工工艺和施工管理技术等。

(1)明挖法地铁车站工程概况

①基本情况:工程范围、工程规模、站位选址;

②工程条件:工程地质条件、水文地质条件、周边环境条件、地下管线状况、风险源识别及管理;

③设计方案:设计图纸、结构形式及主要设计参数。

（2）明挖法地铁车站主要施工技术

①施工准备:场地围挡、交通疏解、施工场地布置、管线改迁;

②围护结构施工技术:灌注桩、连续墙、土钉墙等常见支挡结构的施工工艺与参数、所用施工设备型号及参数;

③基坑开挖技术:施工降水方法、地表和坑内截排水措施、基坑竖向及水平开挖和出土方式、施工设备配备;

④主体结构施工技术:明挖及盖挖法的施作顺序及要点,主要结构构件的模板、钢筋、混凝土浇筑工艺与参数,施工所用设备及机具。

（3）明挖法地铁车站其他作业施工技术

①结构防水:接缝部位（施工缝、变形缝、后浇带）的防水措施、主体结构附加防水层施作工艺、所用防水材料及性能指标;

②施工辅助系统及设施:施工用水及排水设施布置、施工用电设备及用电安全管理、施工运输设备等;

③其他:基坑施工监控量测技术要点。

（4）明挖法地铁车站施工管理技术

①项目部组织机构:人员配置、职责划分等;

②施工组织管理:劳动力配备、机械设备配备、材料物资组织;

③施工计划管理:施工分期及进度管理;

④其他管理:施工质量管理、施工安全管理、工程合同及成本管理、施工技术管理、施工资料管理等;

⑤规范使用:相关技术规范的查阅和应用。

**2.盾构法隧道施工技术**

学生进入盾构隧道施工工点进行施工实践,熟悉和掌握盾构法修建地下结构的设备选型方法、支护结构拼装方法以及后配套等施工流程和施工管理技术等。

（1）盾构法隧道工程概况

①基本情况:工程范围、工程规模、线路规划与线型参数;

②工程条件:工程地质条件、水文地质条件、周边环境条件、风险源识别及管理;

③设计及选型方案:设计图纸、管片结构形式及主要设计参数、设备选型方法。

（2）盾构法隧道主要施工技术

①施工准备:场地围挡、交通疏解、施工场地布置、工作井修建要求;

②盾构始发技术:始发方式及施工工艺流程、端头加固措施及效果、洞门凿除、反力架及基座安装、洞口密封、盾构拼装及调试、负环拼装、盾构试掘进等施工技术和设备配置等;

③盾构正常掘进技术:施工工艺流程、掘进模式、掘进关键控制参数、渣土改良措施及效果、出渣量控制管理、盾构姿态控制措施、同步注浆、管片拼装质量控制措施、特殊地层掘进措施等;

④盾构接收技术:施工工艺流程、端头加固措施及效果、到达掘进参数、盾构达到掘进参数及姿态调整措施、管片拼装及注浆、托架安装等施工技术和设备配置。

（3）盾构法隧道其他施工作业技术

①结构防水：接缝部位防水措施、所用防水材料及性能指标；

②施工辅助系统及设施：施工用水及排水设施布置、施工用电设备及用电安全管理、管片吊装及渣土输送设备等；

③其他：盾构施工测量、地表沉降量测及控制措施等。

（4）盾构法隧道施工管理技术

①项目部组织机构：人员配置、职责划分等；

②施工组织管理：劳动力配备、机械设备配备、材料物资组织；

③施工计划管理：施工分期及进度管理；

④其他管理：施工质量管理、施工安全管理、工程合同及成本管理、施工技术管理、施工资料管理等；

⑤规范使用：相关技术规范的查阅和应用。

3. 矿山法隧道施工技术

学生进入矿山法隧道施工工点进行施工实践，熟悉和掌握矿山法修建地下结构的开挖及支护方法、衬砌构造形式、施工作业流程、辅助施工方法及施工管理技术等。

（1）矿山法隧道工程概况

①基本情况：工程范围、工程规模、线路规划与线型参数；

②工程条件：工程地质条件、水文地质条件、周边环境条件、风险源识别及管理；

③设计方案：设计图纸、衬砌结构形式及主要设计参数。

（2）矿山法隧道主要施工技术

①施工准备：施工场地布置、施工便道修建、"三通一平"措施；

②钻爆法施工方法：全断面或台阶法开挖法、分部开挖法等；

③钻爆开挖技术：掏槽技术、炮眼设计与施工、光面爆破技术，所用器材及参数；

④隧道支护结构体系：复合式衬砌中锚杆、钢筋网、钢支撑、喷射混凝土、模筑混凝土的施工流程和技术要点；

⑤辅助工法：地层稳定措施及涌水处理措施的主要辅助工法、技术要点、所用设备及性能；

⑥隧道信息化施工：隧道监控量测的项目、测试方法、数据处理方法及作用；

⑦洞口开挖及修建：洞口刷坡、进出洞技术要点、明洞修建流程及技术要点。

（3）矿山法隧道其他施工技术

①施工通风：施工通风方式及组织、通风量计算及风机配置；

②结构防水：防水板铺挂流程及技术要点、接缝部位的防水措施、所用防水材料及性能指标；

③隧道装、运及弃渣：施工装渣运输方式及机械配置、渣场选址与修建；

④施工辅助系统及设施：施工用水及排水设施布置、施工用电设备及用电安全管理等；

⑤隧道超前地质预报：超前地质预报的"三结合"原则、超前地质预报技术分类及设备等。

（4）矿山法隧道施工管理技术

①项目部组织机构：人员配置、职责划分等；

②施工组织管理：劳动力配备、机械设备配备、材料物资组织；

③施工计划管理:施工分期及进度管理;

④其他管理:施工质量管理、施工安全管理、工程合同及成本管理、施工技术管理、施工资料管理等;

⑤规范使用:相关技术规范的查阅和应用方法。

## 四、实习形式与安排

生产实习主要以学生分组进入地下工程施工项目部,在施工技术人员和校内教师的指导下参与各个工序的施工实践,使学生对施工流程有一定认识,并熟悉和掌握主要施工技术要点。学生应提前预习相关知识要点、全程参与施工实践并遵守实习相关规定,实习中认真记录和理解实习要点,实习结束后提交实习日志、实习报告及企业实习鉴定表,并进行实习答辩。

实习安排详见当年度的实习计划。

## 五、指导教师职责

地下工程方向本科教学负责人担任队长,抽调教师组成若干个实习指导小组,每个小组安排不少于 3 名指导教师进行带队。

1. 队长职责

(1)负责整个生产实习队的工作安排,完成实习前的部分准备工作,划分教师和学生的分组名单,制订实习任务与计划;

(2)组织教师和学生的动员工作、分配实习工点、负责实习队的指导、管理与安全纪律、现场协调、经费管理等;

(3)组织学生实习答辩、完成实习工作报告的汇总和编写,以及其他与实习相关的管理工作。

2. 组长职责

(1)在队长的总体安排下,完成实习前的准备和动员工作;

(2)组建实习小组,与组内指导教师明确实习要点及分工等事宜;

(3)落实施工实习工点,安排实习小组学生;

(4)在实习过程中进行学生的实习指导、组织管理和安全纪律教育;

(5)组织对组内实习学生的综合考评;

(6)实习结束后,组织组内指导教师编写小组的实习工作报告;

(7)完成其他相关实习工作。

3. 组员职责

(1)按照组长的要求及分工开展实习工作;

(2)进行实习指导,保障实习顺利、安全开展;

(3)对组内学生实习期间的出勤情况进行检查,处理学生请假事宜;

(4)实习结束后对组内学生进行综合考评;

（5）提交实习过程资料，协助组长完成实习工作报告；

（6）协助组长完成其他实习相关工作。

## 六、学生实习要求

1. 实习纪律

（1）学生应严格按照实习任务书、实习计划进度的要求和学校有关实习教学的管理规定，认真完成实习任务，要逐日记录实习内容和心得体会，并结合体会和收获按要求写好实习报告；

（2）学生必须接受实习指导教师、工程技术人员的领导，服从统一安排，积极主动地投入到各实习环节，并多问、多看、多思、多量、多记，尽量收集一手资料；

（3）学生实习期间应严格遵守实习接收单位的上下班制度、安全制度、工作操作规程、保密制度及其他各项规章制度；

（4）学生实习期间应虚心听取遵守工程技术人员、工人的指导和意见，主动协助实习接收单位做一些力所能及的工作，维护好学校声誉；

（5）实习期间不得无故缺席、迟到或早退，无特殊理由不得请假，请假需取得指导教师的书面同意，并提前告知实习接收单位。

2. 实习日志

要求学生实习期间每天记日记，填写要点包括：

（1）实习时间、地点、单位、内容、收获和体会，也可摘抄实习实测数据资料；

（2）收获与体会填写要求：应明确、精炼、完整、准确，应说明当日实习完后了解了什么内容，对专业的学习有何帮助，其他收获和感想。

3. 实习报告

实习结束后学生需撰写实习报告，在下学期开学一周内连同实习日志以班级为单位提交学院教务，实习报告要求如下：

（1）实习的任务、作用和目的：从巩固理论知识，培养实践能力和创新能力，接触生产、增强劳动观念、锻炼动手技能等角度简明扼要地进行阐释；

（2）实习主要内容：篇幅不少于 3000 字，包括实习时间、地点、单位、指导教师、工程概况及特点，重点说明实际工程生产过程，以及土建工程施工技术、施工方法与施工组织管理、工程运营管理方法，工程设计的基本方法等；

（3）实习总结、收获体会：篇幅不少于 500 字，包括实习工点及其生产特点的总结，自己专业知识、实践能力等方面的收获，尚未理解或掌握的问题等；

（4）实习报告书写要求：用 A4 纸单面打印并装订成册；打印要求排版规范。

## 七、实习考核方式与成绩评分方法

根据学生的考勤和实习表现、实习日志、实习报告、企业实习鉴定表等材料和表现综合给予评分,总评成绩按照实习综合表现(考勤、提问、纪律)占30%、实习日志占30%、实习报告占40%的比例确定。对于设置有实习答辩环节的情况,各项成绩的比例可设置为:实习综合表现占30%、实习日志占20%、实习报告占30%、答辩占20%。

实习成绩按照优秀、良好、中等、合格、不合格5个等级评定,其中优秀(90分及以上)、良好(80~89分)、中等(70~79分)、及格(60~69分)、不及格(60分以下)。不参加考勤或无实习日志及实习报告者,成绩按"不及格"计。被评定为"不及格"的学生应重新进行生产实习。

## 八、参考资料

根据实习的工点类型,推荐选用如下参考资料:

[1] 高波,王英学,周佳媚,等. 地下铁道[M]. 北京:高等教育出版社,2013.
[2] 何川,张志强,肖明清. 水下隧道[M]. 成都:西南交通大学出版社,2011.
[3] 王明年,于丽,刘大刚,等. 城市轨道交通地下车站设计与施工[M]. 北京:科学出版社,2014.
[4] 仇文革,等. 山岭隧道[M]. 成都:西南交通大学自编讲义,2015.
[5] 西南交通大学土木工程学院地下工程系. 土木工程专业地下工程方向本科生产实习指导书[M]. 成都:西南交通大学自编讲义,2006.
[6] 陈馈. 盾构隧道施工技术.[M].2版. 北京:人民交通出版社股份有限公司,2016.
[7] 关宝树. 矿山法隧道修建关键技术[M]. 北京:人民交通出版社股份有限公司,2016.

## 九、其他

根据实习任务和开展条件,在实习内容中可设置适当学时的系列专业讲座,对地下工程的主要施工技术及实践经验进行讲解,让学生更加明确生产实习的目的性,提高实习效果和质量。

# 第十六章　地下工程生产实习任务书(示例)

| 实习名称 | 2016 年土木工程生产实习(地下工程方向) | | |
|---|---|---|---|
| 学生班级 | 土木工程专业(地下工程方向)2013 级学生 | 学生人数 | ××人 |
| 学生分组 | 学生组 1:土木 2013 级(1)~(3)班地下方向学生,共计××名<br>学生组 2:土木 2013 级(4)~(6)班地下方向学生,共计××名<br>学生组 3:土木 2013 级(7)~(9)班地下方向学生,共计××名<br>学生组 4:土木 2013 级(10)~(12)班地下方向学生,共计××名 | | |
| 指导教师 | 总体组:A 副教授　B 讲师<br>讲座组:C 教授　D 教授　E 副教授　F 副教授　G 副教授　H 副教授<br>实践组 1:C 教授　D 教授　E 副教授<br>实践组 2:F 副教授　G 副教授　H 副教授<br>实践组 3:I 教授　J 副教授　K 副教授<br>实践组 4:L 教授　M 副教授　N 副教授 | | |
| 实习时间 | 2016 年 7 月 8 日~2016 年 8 月 6 日 | | |
| 实习地点 | 成都地铁在建车站、区间工点 | | |

## 一、实习性质和目的

土木工程专业地下工程方向生产实习是土木工程专业地下工程方向学生在已经学习了主要的专业课程之后,结合施工实际开展的专业实践活动。强调理论知识与生产应用的联系,深化理论知识的理解,熟悉和掌握地下工程应用的基本知识和技能,培养学生运用所学专业知识指导和实践地下工程的能力,为后续专业课程的学习和毕业设计的开展奠定实践基础。

## 二、实习任务

地下工程生产实习主要以学生进入工点(地铁车站及区间隧道、山岭隧道等类型)开展施工实践的方式进行,需要学生在实习中完成以下任务:

(1)熟悉常见地下工程概况:工程范围及工程规模、地质条件、水文条件、周边环境条件,设计方案等;

(2)掌握地下工程主要施工技术:施工准备工作内容、施工场地布置、开挖与支护技术、主要施工工艺与参数、施工所用设备;

（3）掌握地下工程辅助施工技术：通风、防排水、供电等辅助系统及设备；

（4）掌握施工管理技术：施工组织机构、施工方案编制、施工工期计划与控制、施工质量与造价管理等。

## 三、实习内容和要点

本年度生产实习的时间为 4 周，通过动员大会、专业讲座、工程实践等几种方式综合开展。

**（一）实习动员大会及准备**（学时：1 天）

宣讲实习的相关内容及要求，让学生了解实习目的、实习任务、实习计划与安排、实习要求等情况，为后续实习的开展奠定基础及做好准备。

动员大会的要点包括：

（1）让学生了解实习任务、实习分组、考核要求、实习纪律、安全教育；

（2）指导教师与小组学生见面，指定学生组长及联系人，收集学生信息及实习报名材料；

（3）分发或督促学生领取实习材料及安全帽等劳动保护装备，做好实习准备。

**（二）专业讲座**（学时：3 天）

通过专业讲座分别介绍明挖法地下结构、盾构法隧道、矿山法隧道等相关的工程实例及应用技术，以强化学生理论联系实际的能力，为施工实践的开展奠定基础。本年度生产实习中共安排 6 个实践性较强的专业讲座，每个讲座半天，共计 3 天时间。

专业讲座的具体题目如下：

（1）《地铁施工生产实习要点》；

（2）《明挖法地铁车站施工技术及实践》；

（3）《地铁线路规划与站位选择实践》；

（4）《盾构隧道施工技术及实践》；

（5）《施工组织设计及实例分析》；

（6）《矿山法隧道施工技术及实践》。

**（三）施工实践**（学时：3.5 周）

本年度生产实习地点为成都地铁 3 号线二、三期，5 号线，7 号线上的十余个车站及区间施工项目部，本次实习以熟悉和掌握明挖法修筑地下结构的围护结构形式、开挖方法、主体结构施工工艺和施工管理技术等为主要目的，同时根据施工工点的条件可对盾构法及矿山法隧道施工技术进行一定程度的了解。

本次实习要点包括：

（1）明挖法地铁车站工程概况（建议学时：0.5 周）

①基本情况：工程范围、工程规模、站位选址；

②工程条件：工程地质条件、水文地质条件、周边环境条件、地下管线状况、风险源识别及管理；

③设计方案：设计图纸、结构形式及主要设计参数。

（2）明挖法地铁车站主要施工技术（建议学时：1.5周）

①施工准备：场地围挡、交通疏解、施工场地布置、管线改迁；

②围护结构施工技术：灌注桩、连续墙、土钉墙等常见支挡结构的施工工艺与参数、所用施工设备型号及参数；

③基坑开挖技术：施工降水方法、地表和坑内截排水措施、基坑竖向及水平开挖和出土方式、施工设备配备；

④主体结构施工技术：明挖及盖挖法的施作顺序及要点，主要结构构件的模板、钢筋、混凝土浇筑工艺与参数，施工所用设备及机具。

（3）明挖法地铁车站其他作业施工技术（建议学时：0.5周）

①结构防水：接缝部位（施工缝、变形缝、后浇带）的防水措施、主体结构附加防水层施作工艺、所用防水材料及性能指标；

②施工辅助系统及设施：施工用水及排水设施布置、施工用电设备及用电安全管理、施工运输设备等；

③其他：基坑施工监控量测技术要点。

（4）盾构法区间隧道施工技术（建议学时：0.5周）

①设计及选型方案：设计图纸、管片结构形式及主要设计参数、设备选型方法；

②盾构正常掘进技术：施工工艺流程、掘进模式、掘进关键控制参数、渣土改良措施及效果、出渣量控制管理、盾构姿态控制措施、同步注浆、管片拼装质量控制措施、特殊地层掘进措施等。

（5）矿山法区间隧道施工技术（建议学时：0.5周）

①设计方案：设计图纸、衬砌结构形式及主要设计参数；

②钻爆法施工方法：全断面或台阶法开挖法、分部开挖法等；

③隧道支护结构体系：复合式衬砌中锚杆、钢筋网、钢支撑、喷射混凝土、模注混凝土的施工流程和技术要点。

（6）地铁施工管理技术（建议学时：0.5周）

①项目部组织机构：人员配置、职责划分等；

②施工组织管理：劳动力配备、机械设备配备、材料物资组织；

③施工计划管理：施工分期及进度管理；

④其他管理：施工质量管理、施工安全管理、工程合同及成本管理、施工技术管理、施工资料管理等；

⑤规范使用：相关技术规范的查阅和应用。

## 四、实习形式与安排

学生分组进入施工项目部，在施工技术人员和校内教师的指导下参与各个工序的施工实践，并配合以为期3天的专业讲座、安全教育等内容，使学生对施工流程有一定认识，并熟悉和掌握主要施工技术要点。学生应提前预习相关知识要点、全程参与施工实践并遵守实习相关规定，实习中认真记录和理解实习要点，实习结束后提交实习日志、实习报告及企业实习鉴定表。

实习安排详见当年度的实习计划。

## 五、学生实习要求

1. 实习纪律

（1）学生应严格按照实习任务书、实习计划进度的要求和学校有关实习教学的管理规定，认真完成实习任务，要逐日记录实习内容和心得体会，并结合体会和收获按要求写好实习报告；

（2）学生必须接受实习指导教师、工程技术人员的领导，服从统一安排，积极主动地投入到各实习环节，并多问、多看、多思、多量、多记，尽量收集一手资料；

（3）学生实习期间应严格遵守实习接收单位的上下班制度、安全制度、工作操作规程、保密制度及其他各项规章制度；

（4）学生实习期间应虚心听取遵守工程技术人员、工人的指导和意见，主动协助实习接收单位做一些力所能及的工作，维护好学校声誉；

（5）实习期间不得无故缺席、迟到或早退，无特殊理由不得请假，请假需取得指导教师的书面同意，并提前告知实习接收单位。

2. 实习日志

要求学生实习期间每天记日记，填写要点包括：

（1）实习时间、地点、单位、内容、收获和体会，也可摘抄实习实测数据资料；

（2）收获与体会填写要求：应明确、精炼、完整、准确，应说明当日实习完后了解了什么内容，对专业的学习有何帮助，其他收获和感想。

3. 实习报告

实习结束后学生需撰写实习报告，在下学期开学一周内连同实习日志以班级为单位提交学院教务，实习报告要求如下：

（1）实习的任务、作用和目的：从巩固理论知识，培养实践能力和创新能力，接触生产、增强劳动观念、锻炼动手技能等角度简明扼要地进行阐释；

（2）实习主要内容：篇幅不少于3000字，包括实习时间、地点、单位、指导教师、工程概况及特点，重点说明实际工程生产过程，以及土建工程施工技术、施工方法与施工组织管理、工程运营管理方法，工程设计的基本方法等；

（3）实习总结、收获体会：篇幅不少于500字，包括实习工点及其生产特点的总结，自己专业知识、实践能力等方面的收获，尚未理解或掌握的问题等；

（4）实习报告书写要求：用A4纸单面打印并装订成册；打印要求排版规范。

## 六、实习考核方式与成绩评分方法

根据学生的考勤和实习表现、实习日志、实习报告、企业实习鉴定表等材料和表现综合给予评分,总评成绩按照实习综合表现(考勤、提问、纪律)占30%、实习日志占30%、实习报告占40%的比例确定。对于设置有实习答辩环节的情况,各项成绩的比例可设置为:实习综合表现占30%、实习日志占20%、实习报告占30%、答辩占20%。

实习成绩按照优秀、良好、中等、合格、不合格5个等级评定,其中优秀(90分及以上)、良好(80~89分)、中等(70~79分)、及格(60~69分)、不及格(60分以下)。不参加考勤或无实习日志及实习报告者,成绩按"不及格"计。被评定为"不及格"的学生应重新进行生产实习。

## 七、参考资料

[1] 高波,王英学,周佳媚,等. 地下铁道[M]. 北京:高等教育出版社,2013.
[2] 何川,张志强,肖明清. 水下隧道[M]. 成都:西南交通大学出版社,2011.
[3] 王明年,于丽,刘大刚,等. 城市轨道交通地下车站设计与施工[M]. 北京:科学出版社,2014.
[4] 仇文革,等. 山岭隧道[M]. 成都:西南交通大学自编讲义,2015.
[5] 西南交通大学土木工程学院地下工程系. 土木工程专业地下工程方向本科生产实习指导书[M]. 成都:西南交通大学自编讲义,2006.
[6] 陈馈. 盾构隧道施工技术[M].2版. 北京:人民交通出版社股份有限公司,2016.
[7] 关宝树. 矿山法隧道修建关键技术[M]. 北京:人民交通出版社股份有限公司,2016.

## 八、其他

(1)分散实习学生需另行提交翔实的实习任务书和实习计划,由校内指导教师审定后在实习接收单位按任务和计划开展,学生实习结束返校后应进行答辩;
(2)其他未尽之处按学校、学院、系室相关实习要求和规定执行。

# 第十七章　地下工程生产实习计划(示例)

| 实习名称 | 2016 年土木工程生产实习(地下工程方向) | | |
|---|---|---|---|
| 学生班级 | 土木工程专业(地下工程方向)2013 级学生 | 学生人数 | ××人 |
| 学生分组 | 学生组1:土木 2013 级(1)~(3)班地下方向学生,共计××名<br>学生组2:土木 2013 级(4)~(6)班地下方向学生,共计××名<br>学生组3:土木 2013 级(7)~(9)班地下方向学生,共计××名<br>学生组4:土木 2013 级(10)~(12)班地下方向学生,共计××名 | | |
| 指导教师 | 总体组:A 副教授　B 讲师<br>讲座组:C 教授　D 教授　E 副教授　F 副教授　G 副教授　H 副教授<br>实践组1:C 教授　　D 教授　　E 副教授<br>实践组2:F 副教授　G 副教授　H 副教授<br>实践组3:I 教授　J 副教授　K 副教授<br>实践组4:L 教授　M 副教授　N 副教授 | | |
| 实习时间 | 2016 年 7 月 8 日~2016 年 8 月 6 日 | | |
| 实习地点 | 成都地铁在建车站、区间工点 | | |

## 一、实习内容

本次生产实习以熟悉和掌握明挖法修筑地下结构的围护结构形式、开挖方法、主体结构施工工艺和施工管理技术等为主要目的,同时根据施工工点的条件对盾构法及矿山法隧道施工技术进行一定程度的了解。实习地点主要以联系成都地铁在建车站、区间隧道项目部为主,具体的实习地点、单位信息见表 17-1。

实习内容及要点详见当年度生产实习任务书。

生产实习地点/单位安排 表 17-1

| 组　　别 | 实习地点/单位 |
|---|---|
| 第 1 组 | 成都地铁 5 号线 A 站/中铁 W 局 |
| 第 2 组 | 成都地铁 7 号线 B 站、C 区间/中铁 X 局 |
| 第 3 组 | 成都地铁 7 号线 D 站、E 区间/中建 Y 局 |
| 第 4 组 | 成都地铁 3 号线二、三期:F、G 站/中国电建 Z 局 |

## 二、实习形式

学生分组进入施工项目部,在施工技术人员和校内教师的指导下参与各个工序的施工实践,并配合以为期 3 天的专题专业讲座、安全教育等内容,使学生对施工流程有一定认识,并熟悉和掌握主要施工技术要点。

## 三、日程安排

(1)总体安排:本年度地下工程生产实习包括动员大会、专业讲座、施工实践、实习答辩等环节,各环节及时间安排如表 17-2 所示。

生产实习环节与时间安排 表 17-2

| 序号 | 实 习 环 节 | 开 展 日 期 | 开 展 形 式 | 指 导 教 师 |
|---|---|---|---|---|
| 1 | 动员大会 | 第 1 天 | 集中讲座(X1514) | 总体组 |
| 2 | 专业讲座 | 第 2~4 天 | 专业讲座(X1514) | 讲座组 |
| 3 | 施工实践 | 第 5~28 天 | 分组实习 | 实践组 |
| 4 | 实习答辩 | 下一学期开学第一周 | 分组答辩 | 总体组 |

(2)动员大会:动员大会安排时间为 2016 年 7 月 8 日上午 9:00,地点为 X1514。

(3)专业讲座:共安排 6 场,时间为 2016 年 7 月 9 日至 2016 年 7 月 11 日,具体的讲座题目、时间及授课人员安排见表 17-3。

生产实习专业讲座安排(地点:X1514) 表 17-3

| 序号 | 讲 座 题 目 | 授课人 | 授 课 时 间 |
|---|---|---|---|
| 1 | 地铁施工生产实习要点 | C 教授 | 2016 年 7 月 9 日 9:00~11:00 |
| 2 | 明挖法地铁车站施工技术及实践 | D 教授 | 2016 年 7 月 9 日 14:30~16:30 |
| 3 | 地铁线路规划与站位选择实践 | E 副教授 | 2016 年 7 月 10 日 9:00~11:00 |
| 4 | 盾构法隧道施工技术及实践 | F 副教授 | 2016 年 7 月 10 日 14:30~16:30 |
| 5 | 施工组织设计及实例分析 | G 副教授 | 2016 年 7 月 11 日 9:00~11:00 |
| 6 | 矿山法隧道施工技术及实践 | H 副教授 | 2016 年 7 月 11 日 14:30~16:30 |

(4)施工实践:施工实践时间为 2016 年 7 月 12 日至 2016 年 8 月 6 日,各实践组的指导教师可根据各组实习工点的实际情况合理安排实习内容的顺序和时间。

(5)实习答辩:拟定于下学期开学第一周内组织实习学生进行生产实习分组答辩,具体时间待下学期开学通知。

## 四、经费预算(表 17-4)

经 费 预 算 表 17-4

| 项 目 名 称 | 实习经费的具体事项(耗材等) | 经 费 预 算 |
|---|---|---|
| 交通 | | |
| 住宿 | | |
| 其他 | | |
| 经费合计 | | |

# 第十八章　地下工程生产实习学生实习报告(示例)[1]

课程名称：　　__生产实习__　　　　课程代码：　　__9990610__

实习周数：　　__4 周__　　　　　　学　　分：　　__2.0__

实习单位：　　__中铁×局__　　　　实习地点：__成都地铁 7 号线车站及区间__

实习时间：　　__2016.07.08__　　　至　　__2016.08.06__

## 一、实习的任务、作用和目的

　　土木工程专业地下工程方向生产实习是土木工程专业地下工程方向学生在已经学习了主要的专业课程之后,结合施工实际开展的专业实践活动。强调理论知识与生产应用的联系,深化理论知识的理解,熟悉和掌握地下工程应用的基本知识和技能,培养学生运用所学专业知识指导和实践地下工程的能力,为后续专业课程的学习和毕业设计的开展奠定实践基础。

　　地下工程生产实习主要以学生进入地下工程施工工点开展施工实践的方式进行,需要学生在实习中完成以下任务:

　　(1)熟悉常见地下工程概况:工程范围及工程规模、地质条件、水文条件、周边环境条件、设计方案等;

　　(2)掌握地下工程主要施工技术:施工准备工作内容、施工场地布置、开挖与支护技术、主要施工工艺与参数、施工所用设备;

　　(3)掌握地下工程辅助施工技术:通风、防排水、供电等辅助系统及设备;

　　(4)掌握施工管理技术:施工组织机构、施工方案编制、施工工期计划与控制、施工质量与造价管理等。

## 二、实习主要内容

### (一)实习动员大会及专业讲座

#### 1. 实习动员大会

实习动员大会由地下工程系蒋雅君副教授主持召开,全体实习指导教师和实习学生参与。

---

[1]　本实习报告节选自蒋雅君副教授所指导的西南交通大学土木工程专业地下工程方向生产实习的学生实习报告(鲁浩、陈乾兴、王恒宇、魏子琪、陶磊、吴强、邹杨、赵耘墨等人),蒋雅君副教授进行了修改和补充。

实习动员大会上蒋老师宣讲了生产实习的目的、实习开展形式与实习任务、实习开展要求、实习安全教育及实习准备工作等相关内容，并将我们学生进行了分组。集中动员之后我所在小组的指导教师（蒋老师）又召集本组学生进行分组教育，安排了我们小组的实习工点，并对小组的具体实习安排计划、实习开展形式等进行了说明。

通过本次实习动员大会，我了解了本次生产实习的要求和安排，会后就按照指导教师的要求去领取了实习日志、安全帽，并开始为实习的开展做好准备。

2. 专业讲座

实习动员大会之后的 3 天是专业讲座，讲座的题目分别是：《地铁施工生产实习要点》、《明挖法地铁车站施工技术及实践》、《地铁线路规划与站位选择实践》、《盾构隧道施工技术及实践》、《施工组织设计及实例分析》、《矿山法隧道施工技术及实践》，分别由地下工程系的实习指导教师进行授课。

这一系列专业讲座围绕着隧道及地下工程中的常见的施工技术和实例进行了讲解，让我们尝试着把所学的理论知识与施工实践进行了初步的联系。讲座之余，我也翻开课本回顾了刚学过的几门专业课的知识，结合着讲座中的内容和要点进行了学习和准备。

### （二）成都地铁工点施工实践

我们小组本次生产实习的工点是成都地铁 7 号线的 A 站、B 站和 C 站，施工单位为中铁×局。在实习期间项目部安排我们小组 10 个人分别定期在 3 个车站工点上进行轮换，以跟随不同工点的施工进度去积累更多的经验。

1. 实习工点概况

A 站为地铁 7 号线工程的一个中间站，车站有效站台 140×12m，标准段宽度 21.1m，采用明挖法＋局部盖挖法施工，车站北端为盾构接收及始发，南端为盾构接收。B 站为两柱三跨地下二层矩形框架结构，车站总长 222.4m，标准段宽度 21.1m，站台形式为岛式，有效站台长 140m、宽 12m。C 站全长 439.437m（含配线），标准段为岛式站台双层三跨，南端与 4 号线二期万年场站"L"形换乘，为地下三层三跨。

A 站为半明挖半盖挖法施工，B、C 站施工方法为明挖法，其中 C 站的围护结构为半钻孔灌注桩半放坡开挖。在实习期间，A 站正在施作钻孔灌注桩，预计在两个月后能完工，和盖挖顶板的一部分施工；B 站已经完成了围护结构和支撑，正在进行底板防水施工；C 站由于地下地面管线复杂，交通拥堵，施工进度较为缓慢，还在进行管线改迁以及部分围护结构的施工。以上 3 个车站的施工进度情况如图 18-1 所示。

2. 学习图纸及施工方案

刚进入施工项目部的时候，项目部工程师主要安排我们学习阅读的车站的施工图纸和施工组织设计（图 18-2）。

前面几天的读图学习中，我们经常在一起讨论，终于大家慢慢地能在脑海里勾勒出这 3 个地铁车站的形貌。一段时间后，我们对几个工点的主要设计参数有了较为全面的认识，也开始熟悉一些工程概况，包括车站的工程地质条件、水文地质条件、周边环境、车站所处位置的管线及改迁等。再通过查阅和对比车站的施工组织设计及其他专项施工方案，我们也大致了解了这 3 个车站的围护结构形式及施工工艺流程、基坑的开挖方法及监控量测要求、主体结构的形式和修筑顺序等内容。

a)A站围护结构施工

b)B站底板垫层及防水施工

c)C站围护结构施工

图 18-1　实习工点施工情况

### 3. 施工场地布置与管理

施工场地布置主要是与车站结构尺寸、工地现场的路面交通、工地周边环境条件有关,我们这次实习的 3 个车站由于施工现场的路面交通以及周边环境条件的不同,因此的施工场地布置也有区别。

A 站由于车站位于道路下方,施工围挡不能完全封闭交通,围挡为先封闭一半道路,修好盖挖顶板后再进行换边通车,现场主要的办公场所在车站的东部,车站的钢筋加工棚与钢筋堆放在车站的中部。B 站位于道路的旁边空地,围挡范围比较大,基本将车站全围挡进去,车站两头为主要的办公场所,车站的中部靠西边的位置为钢筋加工棚以及材料堆放场所,车站设置有两台吊塔(图 18-3)。C 站由于车站位于主干道上,车站围挡被分为南北两节。

通过对 3 个站点的施工场地布置的学习和

图 18-2　学习施工图纸

观察,我们了解了实际工程需要根据很多情况综合去考虑才能布置出一个较为合理的施工场地,另外由于地铁车站的施工有可能需要分期修建,因此施工场地布置也有可能随着施工的进度而需要调整。因此,一个似乎看起来很简单的问题,原来也是一个非常有技术含量的工作,这除了跟专业知识有关之外,一定的工程经验也是重要的前提。

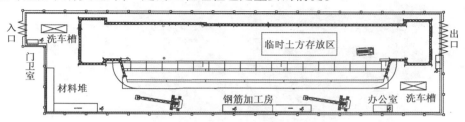

图 18-3　B 站施工场地布置图

### 4. 围护结构施工技术

这 3 个站点的围护结构都采用了钻孔灌注桩作为围护结构,采用旋挖钻机成孔施工(图 18-4)。钻孔灌注桩的施工工序包括:旋挖成孔→钻孔检查→钢筋笼吊装→水下混凝土浇筑等

a)旋挖钻机

b)埋设好的钢护筒

c)吊放钢筋笼

d)浇筑混凝土

图 18-4　钻孔灌注桩的施作

几大工序,每道工序又有不同的技术要点和要求。围护结构体系中冠梁、横撑等也是重要的组成内容(图 18-5),在实习期间我们也跟随施工进度学习了相应的施作工序,对桩顶冠梁、横撑及围护结构的体系也有了一个全面的认识。

a)混凝土横撑及冠梁

b)钢支撑

图 18-5　围护结构支撑体系

### 5. 基坑开挖技术

在我们实习期间,C 站进行了部分的基坑开挖,因此我们初步了解了一些基坑开挖的技术[图 18-6a)]。由于是车站基坑刚开始开挖,因此采用的是挖掘机沿着开挖区段纵向开挖和出土。

由于成都的地下水丰富,因此在基坑开挖前必须要做降水处理,通过设置在基坑周边一圈的降水井对车站基坑位置的地下水进行降水[图 18-6b)]。

a)基坑开挖及出土

b)基坑降水井

图 18-6　基坑开挖及降水

### 6. 主体结构施工

B 站的主体结构施工进度最快,局部已经开挖到基坑底部标高,并开始浇筑结构混凝土(图 18-7)。主要的施工工序有:

(1)逐层开挖基坑,并依次施做各道支撑直到基坑底面;

(2)施工底板下的接地网、垫层;

(3)顺做施工底板防水层、底板、中板、侧墙及侧墙防水层、顶板,并根据施工情况从下往上依次拆除各道钢管支撑直至结构浇筑完毕。

a)侧墙防水施作

b)底板绑扎钢筋

图18-7　主体结构施工

在实习中学习了地铁车站结构的防水、钢筋绑扎、模板支架、混凝土浇筑等工序的主要技术要求,让我们对一个地下结构如何从无到有的建造过程有了初步的感性认识和概念,也了解和熟悉了一些工序中的施工要点,比如钢筋绑扎的一些细节部位的实际操作要点是怎样,这样就把所学过的混凝土结构设计原理很好地与实际结合了起来。

7. 盾构隧道施工

我们在实习的后期参观了盾构法区间隧道,正好遇上盾构机在吊装准备始发,第一次接触到了实体的盾构机(图18-8),大家都被这自动化的庞然大物所震惊。接着盾构及吊装的机会,我们也看到了盾构机的盾体、刀盘驱动、双室气闸、管片拼装机、排土机构、后配套装置、电气系统和辅助设备,初步了解了盾构机的工作原理。我们参观了已经施工完毕的盾构区间隧道,可以清晰的看到已经拼装好管片的区间隧道,并且我们可以明显的看出其为错缝拼装。这些实例都很好地与我们所学过专业知识联系在了一起,使得专业知识不再枯燥。

a)盾构机刀盘

b)拼装好的管片

图18-8　盾构隧道参观

8. 其他

在实习期间我们还学习了其他的一些施工内容,包括附属结构开挖、监控量测技术等,并参与了项目部一些技术资料的编制工作,总体上所学到的东西非常丰富,也了解到了项目部的组织机构、施工管理、规范应用等方面的一些知识。

### 三、实习总结、收获体会

本次生产实习让我收获颇丰,为期四周的工地生活虽然较为辛苦,但是我学习到了非常多的实践知识,对地铁车站的整个施工过程有了较深刻的认识,学习到了施工基本流程、相关技术技能和一些具体的施工方法。在工地现场的观察和学习,将学习的理论知识运用于实践当中,使我们巩固和深入理解了课本上的知识,并且还增长了一定的宝贵经验。我们亲身参加了部分施工内容,也锻炼自己的实践能力和专业技能,更重要的是,我们在实习过程中遇到了很多问题,每当这时我们会积极向现场的工程技术人员和指导老师请教,并加上自己的思考,往往会学到更多知识,这就培养了我们发现问题、分析问题、解决问题的能力,在以后的学习和工作中,我们肯定会遇到更多问题,这种能力便显得尤为重要。除此之外,这次的实习过程让我体验了施工的生活,锻炼了与人交流与合作的能力,为以后进一步走向工作岗位打下一定的基础。

时间过得太快,转眼间4周的实习生活就已经步入尾声了,感觉自己又掌握了很多很多的知识,心中感到无比喜悦,同时更加感觉到肩上的责任与任务还很重,一刻也不能放松。作为一名交大土木人,一定要将工程实践与理论知识结合起来,"纸上得来终觉浅,绝知此事要躬行"。我们要有严谨求学的态度和积极进取的精神,为将来做好一名合格的土木工程师打下坚实的基础。

学生实习答辩 PPT 示例

# 第十九章　地下工程生产实习工作报告(示例)❶

按照土木工程学院的暑期实习计划,地下工程系于 2016 年 7 月 8 日~8 月 6 日组织 2013 级土木工程专业地下工程方向学生共计××人,在成都开展了为期 4 周的地下工程生产实习,现将实习工作实施情况总结如下。

## 一、实习总体安排

### 1. 实习开展方式及日程安排

本次实习的内容包括动员大会、专业讲座、工程实践、实习答辩等环节,实习时间为 4 周。具体工作开展安排如表 19-1 所示。

生产实习工作安排　　　　　　　　　　　　　　　　表 19-1

| 序号 | 实习环节 | 开展日期 | 开展形式 |
|---|---|---|---|
| 1 | 动员大会 | 第 1 天 | 集中讲座 |
| 2 | 专业讲座 | 第 2~4 天 | 集中授课 |
| 3 | 工程实践 | 第 5~28 天 | 分组实习 |
| 4 | 实习答辩 | 下一学期开学第一周 | 分组答辩 |

### 2. 指导教师安排

参与本次实习的指导教师共计 18 名,根据本次生产实习的开展形式及工作任务,指导教师分为总体组、讲座组、实践组,其中实践组根据学生情况又划分了四个小组分别安排了指导教师。

各组教师的职责分工如下:总体组主要负责布置实习工作、进行实习动员、实习材料整理、组织实习答辩等工作;讲座组主要负责安排专业讲座环节的授课;实践组负责安排实习单位及开展相应的现场实践环节的指导工作。

### 3. 实习单位及工点

本次实习主要以联系成都地铁在建车站、隧道为主,具体的实习单位、地点情况见表 19-2。

---

❶ 本报告节选自西南交通大学 2016 年度土木工程专业地下工程方向生产实习工作报告,由各实习小组指导教师提供素材(各实践小组供稿教师分别为周晓军教授、郑余朝副教授、郭春副教授、杨文波副教授)、蒋雅君副教授汇总编写。

生产实习地点/单位安排      表 19-2

| 组　别 | 实习地点/单位 |
| --- | --- |
| 第 1 组 | 成都地铁 5 号线 A 站/中铁 W 局 |
| 第 2 组 | 成都地铁 7 号线 B 站、C 区间/中铁 X 局 |
| 第 3 组 | 成都地铁 7 号线 D 站、E 区间/中建 Y 局 |
| 第 4 组 | 成都地铁 3 号线二、三期:F、G 站/中国电建 Z 局 |

## 二、实习准备及动员

为保证实习效果,地下工程系召开了实习工作准备会议,提前对参与实习的指导教师进行了分工和工作安排;在施工实践开展之前也将全体实习学生集中,召开了实习动员大会及为期3 天的专业讲座,以保证实习效果。

1. 实习准备工作

本次暑期实习工作开展之前,地下工程系根据学校、学院的实习计划和要求制订了相应的实习教学文件和指导材料,包括实习任务书、实习计划、实习组织安排办法等,以便更为有效地开展实习工作和保证实习效果。

2016 年 7 月 1 日,地下工程系组织全体指导教师举行了生产实习工作部署会议(图 19-1),对实习指导材料进行了研讨,并对本次生产实习的工作任务、实习要求、注意事项等进行了全面的部署,以便实习指导教师能较为系统和深入地掌握相关实习的工作要求。通过本次工作会议,统一和规范了实习指导工作中的各项要求,以便保障实习工作顺利开展,提高实习效果。

2. 实习动员大会

由地下工程系本科教学负责人牵头、全体实习指导教师和实习学生参与,7 月 8 日上午在×1514 室召开了地下工程生产实习动员大会(图 19-2)。实习动员大会上宣讲了生产实习的目的、实习开展形式与实习任务、实习开展要求、实习安全教育及实习准备工作等相关内容,尤其强调了实习纪律,防止实习期间出现任何安全事故。

图 19-1　地下工程系生产实习工作部署会议

图 19-2　地下工程生产实习动员大会

集中动员之后由各组指导教师召集本组学生进行分组教育(图19-3),对各组学生的实习工点情况、实习工作具体安排计划、实习开展形式等进行了介绍,并建立了指导教师与实习学生之间的联系,以便各组实习学生能明确指导教师的要求,按照各组的计划及要求开展后续的实习工作。

a)实习站点介绍　　　　　　　　　　　　　　　b)分组实习注意事项讲解

图19-3　实习动员大会分组教育

实习动员大会之后,统一给实习学生购买了意外保险,并制定了相应的安全预案,为实习的开展做好了充分的准备。通过实习动员,使得实习学生较为全面地了解生产实习的基本要求及安全注意事项,保证实习工作顺利开展。

## 三、专业讲座

专业讲座为期3天,安排了6个与生产实习内容联系紧密的技术专业讲座(《地铁施工生产实习要点》、《明挖法地铁车站施工技术及实践》、《地铁线路规划与站位选择实践》、《盾构隧道施工技术及实践》、《施工组织设计及实例分析》、《矿山法隧道施工技术及实践》),分别由地下工程系生产实习指导教师结合各自的研究领域及特长进行讲解(图19-4)。专业讲座内容实践性较强,是对相关专业理论知识的补充以及对学生开展生产实习的指导,通过此次专业讲座,使学生了解和掌握如下内容:了解现场施工安全要求、风险意识、实习纪律;了解行业概况,并初步培养工程概念;结合实例理解专业知识在工程施工中的应用;理解相关技术规范在工程实践中的作用;为进行现场实践做准备。

图19-4　生产实习专业讲座

通过3天的专业讲座,学生普遍反映初步了解了生产实践中的一些基本内容与要求,实习的目的性更为明确,也学会了带着问题去实习,更为有效地将理论知识与工程实际进行结合,提高了实习的效果。

### 四、施工实践

本次生产实习主要安排学生在成都地铁不同工地进行施工实践,实习工点类型包括明挖地铁车站、盾构法区间隧道、矿山法隧道。以下分成几方面工作开展情况进行综合介绍。

1. 施工实践工作概述

本次实习的工点主要为成都地铁在建车站及区间隧道工点(部分施工项目部情况见图19-5),施工实践内容包括明挖法地铁车站(基坑)、盾构法区间隧道、矿山法区间隧道的施工及管理。在实习开展中根据项目部及工点的情况,每个工点安排3~6名学生由指定的技术员与指导教师联合进行指导。在实践过程中还安排不同组学生交换实习地点,以增加学生对不同阶段地铁工程施工经验的积累。

a)中铁八局成都地铁项目部

b)中铁三局成都地铁项目部

图19-5 施工实践开展地铁项目部(部分)

2. 施工实践执行情况

(1)安全教育及安全措施

各实习小组进入成都地铁各工点时首先都要进行现场安全教育,由项目部的安全工程师首先对各组实习学生进行安全教育(图19-6),包括施工现场的安全事宜,现场的安全管理规定等,再次强调了实习安全的重要性。

在工程现场实践开展期间各工点均对实习学生采取了一系列的安全措施,如进入工地必须佩戴安全帽及采取其他必要的个人防护措施、学生进入工地必须由项目部技术员带领(图19-7)、雨天改为室内资料学习,严禁学生私自进入施工现场等。由于安全教育及采取措施全面有效,在实习开展期间没有出现任何安全事故。

(2)明挖法车站施工实践

明挖法是目前地铁车站的一种主要施工方法,也是本次生产实习的重要内容之一。结合不同工点的施工进度,学生可以了解到地铁车站不同施工阶段的相关技术,包括车站基坑支撑体系(旋挖桩 + 钢支撑/混凝土支撑)施作、基坑开挖、地铁车站主体结构施工等(图19-8),可以很形象地将地铁车站结构体系的形成联系起来。此外,对地铁车站结构的防水施工以及附属结构施工的学习亦可以让学生学到不少知识。

图 19-6　施工安全教育培训

图 19-7　实习小组学生现场实践

a)基坑坑壁防护施工

b)车站主体结构侧墙钢筋绑扎

c)围护结构横撑布置形式

d)车站中隔墙脚手架搭设

e)施工缝凿毛处理

f)车站施工场地布置

图 19-8　明挖法地铁车站施工实践

（3）区间隧道开挖

目前成都地铁区间隧道的主要施工方法为盾构法，学生在相应的实习工点上既可以学习到管片构造、分块组成、管片的拼装方式、接头形式，又可以进入盾构机内部，研习盾构机组成及其工作原理（图 19-9）。此外，部分工点还有采用矿山法施工的区间隧道及联络通道（图 19-10），学生也可以跟随施工进度学习到矿山法隧道的施工技术及工艺。

a)盾构隧道始发段的负环管片

b)盾构机内部

c)盾构管片堆放

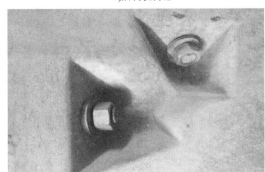

d)盾构管片拼装手孔和螺栓

图 19-9　盾构法区间隧道施工实践

a)联络通道开挖

b)矿山法隧道分部开挖

图 19-10　矿山法区间隧道及联络通道施工实践

（4）其他施工技术及环节

在实习期间,学生还参与了其他施工技术与管理环节的实践(图19-11),如施工场地布置、施工图纸阅读、施工资料整理与技术文档的编写、施工监控量测、管线改迁、技术规范的学习和使用等。通过较为综合的实践和训练,学生大大加深了对地铁车站和区间隧道施工技术的理解,为大四阶段开展毕业设计也奠定了一定基础。

a)学习施工图纸

b)车站监控量测实践

c)整理施工资料

d)车站结构防水实践

图19-11　其他施工实践内容

## 五、实习答辩与总结

### 1. 答辩开展情况

2016年9月8日上午在西南交通大学九里校区交通隧道工程教育部重点实验室研发楼101会议室举行了本次地下工程专业方向生产实习的答辩工作,参与答辩的学生共按照小组顺序依次进行汇报和答辩(图19-12)。地下工程系实习指导教师代表共计6人组成答辩委员会,分别听取了实习小组学生代表的汇报,并对答辩学生汇报的内容进行点评与质询,同时结合实习状况向学生补充讲解了现场遇到的其他工程技术问题,最后根据实习材料、答辩结果评定出各组学生的实习成绩。

a)统一组织实习答辩　　　　　　　　　　　b)学生分组答辩及回答问题

图 19-12　生产实习答辩

**2.实习效果总结**

从答辩结果来看,本次生产实习总体上达到了预期的目标和实习效果,实习学生的主要收获如下:

(1)通过对不同施工进度车站的施工实践,对地铁车站和区间隧道的施工流程、施工工艺、施工管理等方面的内容都有较为全面和深入的理解与认识,不少学生开始逐步学会思考自己的职业规划;

(2)掌握了明挖车站基坑围护结构(混凝土灌注桩)的施作工艺、基坑开挖的方法、车站主体结构的修建方法及技术要点;

(3)掌握了盾构法及矿山法地铁区间隧道施工的主要技术,包括盾构掘进技术、浅埋暗挖法施工工艺;

(4)熟悉了地铁工程施工管理技术,并学会了施工图纸的阅读和技术规范在实际工程中的应用。

**3.实习工作特色**

本年度地下工程生产实习工作的特色在于如下几个方面:

(1)施工实践前期的准备工作相对较为充分,尤其是 3 天的技术讲座集中对生产实习所需要的专业知识及相关工程实例进行讲解,能让学生贴近工程实际,为施工实践的开展做好了准备,提高了实习效果;

(2)选取的实习工点具有一定的代表性,包括地铁车站基坑、盾构法区间隧道、矿山法区间隧道及联络通道,而且各工点的施工进度又有所差异,使学生能尽可能地多了解到地铁工程在不同施工阶段的施工状况,所建立的工程概念更为全面和深入;

(3)实习开展的形式较为丰富,不仅包括施工现场的实习,也包括对相关设计和施工规范、工程施工图纸、工程施工资料的学习和研讨,提高了学生利用所学理论知识探讨解决工程实际问题的能力。

## 六、存在的问题及改进措施

在本次实习答辩结束以后组织了一次指导教师和实习学生代表之间的研讨活动（图 19-13），共同探讨了在本次生产实习中存在的一些问题和改进的措施。总结的部分问题主要包括：学生希望多增加实习工点、实习前再加强有针对性的指导；部分工点的交通不便、实习工点接纳学生的能力有限等。

图 19-13　生产实习指导教师与学生研讨

结合本次实习存在的各种问题，地下工程系将在今后组织开展的生产实习中采取相关措施（如加强专业讲座的实践性和针对性、建设更多的实践基地等）予以改进，以进一步提高生产实习的效果，为学生大四阶段开展毕业设计乃至今后从事本专业奠定良好的基础。

# 第五篇

## 毕业实习

# 第二十章　地下工程毕业实习组织安排办法

## 一、实习人员

（1）指导教师：毕业设计指导教师即为学生的毕业实习指导教师，可以由几名指导教师组成毕业实习指导教师小组，确定组长及组员，共同指导组内的学生开展毕业实习工作。

（2）实习学生：根据毕业设计指导教师小组内学生的人数，可划分为一个毕业实习大组或若干个毕业实习小组开展实习。

## 二、实习组织方式

（1）实习时间：毕业实习应配合毕业设计的开展进度，在毕业设计进行到相应的阶段开展对应的毕业实习内容，具体可由毕业设计指导教师掌握。

（2）开展形式：应包括调研与参观、施工或设计实践等内容，调研部分由学生在校内利用学校的相关资源（如学校图书馆）进行，参观、施工或设计实践部分由指导教师指定地点或联系单位开展。

（3）实习单位：根据实习组织开展的便利条件、毕业设计题目类型、毕业实习任务书的要求，通常可选择（但不限于）地铁车站、盾构法区间隧道、矿山法区间隧道、山岭隧道等施工工点或相关设计单位开展学生的毕业实习。

（4）分散实习：在满足学校、学院相关管理规定的前提下，并且实习接收单位有翔实的实习计划和任务时，允许部分学生至少以3人一组进行分散实习。

## 三、指导教师职责

1. 组长职责

（1）负责整个实习小组的工作安排，联系和落实实习工点或单位，完成实习前的部分准备工作，划分教师和学生的分组名单，制订实习任务与计划；

（2）组织组内教师和学生的动员工作、负责实习小组的指导、管理、纪律与安全教育、现场协调、经费管理等；

（3）完成其他与实习相关的管理和组织工作。

2. 组员职责

（1）在组长的总体安排下，完成实习前的准备和动员工作；

（2）实习过程中进行学生的实习指导、组织管理、安全与纪律教育，保障实习顺利、安全开展；

（3）实习结束后对组内实习学生进行综合考评；

（4）在组长的统一安排下完成其他相关的实习工作。

## 四、实习接收单位职责

（1）按照学校、学院及实习接收单位的相关规定和要求对学生实习期间的出勤、实践、安全等活动进行全程考勤和管理；

（2）实习期间建立双方联络机制，保障实习工作顺利开展，并应制订紧急事件的应急预案；

（3）安排专人担任企业指导教师，与校内教师联合指导学生开展毕业实习工作。

## 五、实习开展流程

1. 实习准备

（1）毕业设计指导教师组成毕业实习指导教师小组，并将学生划分为对应的毕业实习小组；

（2）指导教师联系实习工点、编制实习计划与任务书；

（3）组长召集指导教师召开准备工作会议，研讨和部署实习的任务、内容和要求；

（4）统一购买实习学生的意外保险，并制订好实习突发事件预案及保障措施；

（5）根据小组学生人数、实习工点位置等情况，联系好接送学生实习的车辆。

2. 实习动员

（1）对学生宣讲实习任务、实习分组、考核要求、实习纪律、安全教育；

（2）分发或督促学生领取实习材料及安全帽等劳动保护装备。

3. 调研与参观

（1）指导教师制订调研计划，学生在校内利用在线文献数据库、图书馆资料等途径完成资料收集、文献检索等任务；

（2）视毕业设计题目的类型和需要，指导教师指定参观地点或对象，统一组织学生参观。

4. 施工或设计实践

（1）指导教师联系好实习工点或设计单位，将实习学生统一带到实习接收单位，与单位领导及工程技术人员见面，分配企业指导教师；

（2）实习接收单位组织学生安全教育，并宣讲单位管理规定和实习管理要求；

（3）实习接收单位根据实习任务、实习计划、工程进度等方面的情况，合理安排学生安全开展实习活动；

（4）指导教师应不定期对学生的出勤情况进行检查，并配合企业指导教师对学生实习进行指导和组织管理；

（5）在遇到恶劣天气等突发意外情况时，指导教师和实习接收单位应及时中止实习，并妥善安置实习学生，确保学生人身安全；

（6）学生在实习期间，每天按时出勤，认真按照指导教师和实习接收单位的安排开展实习活动，并填写实习日志，实习结束后撰写实习报告；

（7）施工或设计实践环节结束后，指导教师将实习学生统一带回学校。

5. 实习结束

（1）指导教师根据学生实习日志、实习报告、实习考评等环节情况，对学生进行综合考评，给出实习成绩；

（2）实习学生将实习日志、实习报告等材料汇总放入毕业设计档案袋，提交学院或系室存档；

（3）组长安排或组织实习指导教师处理实习经费，并完成其他与实习相关的工作。

## 六、实习注意事项

（1）实习务必保证安全，杜绝一切事故发生；

（2）严格遵守国家法令、遵守所在实习单位的规章和管理制度；

（3）实习过程的文件、资料必须齐备且存档备查。

## 七、其他

未尽之处按学校、学院、系室相关实习要求和规定执行。

# 第二十一章　地下工程毕业实习大纲(示例)

| | | | |
|---|---|---|---|
| **[课程名称]** 土木工程毕业实习(地下工程方向) | | **[课程代码]** 0100812 | |
| **[课程类别]** 专业实践 | | **[课程性质]** 必修 | |
| **[开课单位]** 土木工程学院 | | **[总 学 分]** 8(含毕业设计) | |
| **[授课方式]** 调研、实践 | | **[总 学 时]** 2周 | |
| **[适用对象]** 土木工程专业(地下工程方向) | | | |
| **[先修课程]** 数学类基础课程、力学类基础课程、计算机科学与技术、土木工程制图、工程地质、工程测量、建筑材料、混凝土结构设计原理、山岭隧道、地下铁道、水下隧道、地下空间利用 | | | |
| **[制订单位]** 土木工程学院地下工程系 | | | |
| **[制 订 人]** 蒋雅君 | | **[审 核 人]** 周晓军 | |
| **[撰写时间]** 2017年6月30日 | | | |

## 一、实习性质和目的

土木工程专业地下工程方向毕业实习是参与毕业设计的学生结合毕业设计内容而开展的专业实践活动。对毕业设计题目中的某一类特定地下工程类型,有针对性地继续深化学生在设计或施工环节的训练,并熟悉相关设计和施工规范的查阅和使用,进一步强化学生对工程的认识和理解,进而提高能较为熟练地运用专业知识分析和初步解决工程实际问题的能力,为完成毕业设计和从事相关专业工作奠定基础。

## 二、实习任务

地下工程方向毕业实习主要以毕业设计学生进入与毕业设计题目同类工点开展施工实践、进入设计单位从事同类工程的设计实践以及调研和参观同类运营地下工程等方式综合进行。需要学生在实习中完成以下任务:

(1)调研和收集同类已建和在建地下工程的实际情况、基本的设计方法和施工技术等;

(2)了解同类地下工程的设计要点、步骤;

(3)掌握同类地下工程施工方案的确定、工艺方法和施工设备的选择、施工组织与管理方案;

(4)掌握相关规范、标准等法规文件的使用。

## 三、实习内容和要点

实习时间总计为 2 周,实习内容宜紧密结合学生的毕业设计题目,选取同类地下工程开展实习。根据实习经费投入、组织实习的便利性、实习安全保障情况等条件,毕业设计指导教师可以从如下方式(但不限于)中选择适宜内容进行组合,安排学生开展毕业实习。

1. 调研与参观(建议学时:1 周)

通过文献检索、考察参观等方式,让学生对毕业设计题目同类地下工程的基本情况、设计方法和施工技术等有所认识和了解。

实习要点包括:

(1)文献检索:学生通过学校图书馆及在线文献数据库,查阅同类地下工程的发展概况及相关设计、施工技术和要求;

(2)实地参观:结合毕业设计中的相关内容,组织学生实地参观运营或在建地下工程实例,加深学生对设计对象的认识和理解。

2. 设计实践(建议学时:1 周)

学生进入设计单位从事设计实践工作,对毕业设计题目同类地下工程的设计流程、设计方法、设计要点、设计规范、工作模式等有所了解。

实习要点包括:

(1)了解设计阶段:可行性研究阶段、初步设计阶段、施工图设计阶段及其对应的工作内容和深度;

(2)了解设计要点:地下结构的横断面设计、纵断面设计、出入口及附属结构设计内容及要点,工程制图的方法和要求;

(3)了解设计流程:计算荷载、确定计算简图(重点了解荷载–结构模型)、内力计算分析、内力组合、配筋设计、绘制结构施工图、材料及工程量统计等;

(4)熟悉设计规范:相关设计规范的学习和使用。

3. 施工实践(建议学时:1 周)

学生进入施工工点从事施工实践工作,强化学生对毕业设计题目同类地下工程的施工方案编制、工艺方法和施工设备的选择、施工组织与管理等内容的理解。

实习要点包括:

(1)掌握施工方案编写要点:工程概况、设计方案、施工方法比选、施工重难点及解决措施、施工机械和材料准备、工期计划及控制等;

(2)掌握施工方法:施工工艺流程、主要技术内容及要求、设备型号及性能;

(3)掌握施工组织与管理:项目部组织机构、施工技术管理、施工计划管理、施工质量管理、施工成本管理、施工安全管理;

(4)熟悉施工规范:相关施工规范的学习和使用。

## 四、实习形式与安排

调研和参观部分由毕业设计学生在指导教师的安排下,自行开展。施工或设计实践由毕业设计指导教师联系或学生申请联系工程项目部或设计单位分组开展。学生应提前预习相关专业知识要点、全程参与并遵守实习相关规定,实习中认真记录和理解实习要点,采集必要的实习影像资料,实习结束后提交实习日志和实习报告。

实习安排详见每个毕业实习小组的实习计划。

## 五、指导教师职责

毕业设计指导教师即为学生的对应毕业实习指导教师,可以由几名指导教师组成毕业实习指导教师小组,共同指导组内的学生开展毕业实习工作。

1. 组长职责

(1)负责整个实习小组的工作安排,联系和落实实习工点或单位,完成实习前的部分准备工作,划分教师和学生的分组名单,制订实习任务与计划;

(2)组织组内教师和学生的动员工作、负责实习小组的指导、管理、纪律与安全教育、现场协调、经费管理等;

(3)完成其他与实习相关的管理和组织工作。

2. 组员职责

(1)在组长的总体安排下,完成实习前的准备和动员工作;

(2)实习过程中进行学生的实习指导、组织管理、安全与纪律教育,保障实习顺利、安全开展;

(3)实习结束后对组内实习学生进行综合考评;

(4)在组长的统一安排下完成其他相关的实习工作。

## 六、学生实习要求

1. 实习纪律

(1)学生应严格按照实习任务书、实习计划的要求和学校有关实习教学的管理规定,认真完成实习任务,要逐日记录实习内容和心得体会,并结合体会和收获按要求写好实习报告;

(2)学生必须接受实习指导教师、工程技术人员的领导,服从统一安排,积极主动地投入到各实习环节,并多问、多看、多思、多量、多记,尽量收集一手资料;

(3)学生实习期间应严格遵守实习接收单位的上下班制度、安全制度、工作操作规程、保密制度及其他各项规章制度;

(4)学生实习期间应虚心听取遵守工程技术人员、工人的指导和意见,主动协助实习接收单位做一些力所能及的工作,维护好学校声誉;

(5)实习期间不得无故缺席、迟到或早退,无特殊理由不得请假,请假需取得指导教师的书面同意,并提前告知实习接收单位。

2. 实习日志

要求学生实习期间每天记日记,填写要点包括:

(1)实习时间、地点、单位、内容、收获和体会,也可摘抄实习实测数据资料;

(2)收获与体会填写要求:应明确、精炼、完整、准确,应说明当日实习完后了解了什么内容,对专业的学习有何帮助,其他收获和感想。

3. 实习报告

实习结束后学生需撰写实习报告,实习报告要求如下:

(1)实习概述:对实习的基本概况从总体上做一简要介绍,包括实习目的、实习地点(站点)及实习形式等基本情况。

(2)实习主要内容:篇幅不少于3000字,包括实习时间、地点、单位、工程概况及特点,重点从与毕业设计相关的实习内容上去说明实习活动的开展情况、技术内容、对毕业设计的帮助。

(3)实习总结、收获体会:篇幅不少于500字,包括自己专业知识、实践能力等方面的收获,尚未理解或掌握的问题等。

(4)实习报告书写要求:放入毕业设计说明书的附录中,打印要求排版规范。

## 七、实习考核方式与成绩评分方法

根据学生的考勤和实习表现、实习日志、实习报告等材料给予评分,总评成绩按照实习综合表现(考勤、提问、纪律)占30%、实习日志占30%、实习报告占40%的比例确定。

实习成绩按照优秀、良好、中等、合格、不合格5个等级评定,其中优秀(90分及以上)、良好(80~89分)、中等(70~79分)、及格(60~69分)、不及格(60分以下)。不参加考勤或无实习日志及实习报告者,成绩按"不及格"计。被评定为"不及格"的学生应重新进行毕业实习。

## 八、参考资料

根据毕业设计题目及实习工点的类型,推荐选用如下教材和讲义:

[1] 蒋雅君,邱品茗. 地下工程本科毕业设计指南(地铁车站设计)[M]. 成都:西南交通大学出版社,2015.

[2] 高波,王英学,周佳媚,等. 地下铁道[M]. 北京:高等教育出版社,2013.

[3] 何川,张志强,肖明清. 水下隧道[M]. 成都:西南交通大学出版社,2011.

[4] 王明年,于丽,刘大刚,等. 城市轨道交通地下车站设计与施工[M]. 北京:科学出版社,2014.

[5] 仇文革,等. 山岭隧道[M]. 成都:西南交通大学自编讲义,2015.

## 九、其他

由于毕业设计题目类型、学生毕业设计进度等内容可能存在差异,因此毕业设计指导教师可在本实习大纲的指导下,结合每个或每组毕业设计学生的具体情况制订相应的实习计划和实习任务。

# 第二十二章　地下工程毕业实习任务书(示例)

| 实习名称 | 2017 年土木工程毕业实习(地下工程方向) | | |
|---|---|---|---|
| 学生班级 | 土木工程专业(地下工程方向)2017 届毕业设计学生 | | 学生人数 | 3 人 |
| 学生题目 | XXX:成都地铁 18 号线 AA 站初步设计(明挖法地铁车站结构设计) | | |
| | YYY:成都地铁 18 号线 BB 站初步设计(明挖法地铁车站结构设计) | | |
| | ZZZ:成都地铁 18 号线 CC 站初步设计(明挖法地铁车站结构设计) | | |
| 指导教师 | A 副教授 | | |
| 实习时间 | 2017 年 2 月 27 日~2017 年 4 月 28 日 | | |
| 实习地点 | 校内、成都地铁天府广场站、中铁某设计院地铁设计部门 | | |

## 一、实习性质和目的

土木工程专业地下工程方向毕业实习是参与毕业设计的学生结合毕业设计内容而开展的专业实践活动。对毕业设计题目中的某一类特定地下工程类型,有针对性地继续深化学生在设计或施工环节的训练,并熟悉相关设计和施工规范的查阅和使用,进一步强化学生对工程的认识和理解,进而提高能较为熟练地运用专业知识分析和初步解决工程实际问题的能力,为完成毕业设计和从事相关专业工作奠定基础。

## 二、实习任务

地下工程方向毕业实习主要以毕业设计学生进入与毕业设计题目同类工点开展施工实践、进入设计单位从事同类工程的设计实践以及调研和参观同类运营地下工程等方式综合进行。需要学生在实习中完成以下任务:

(1)调研和收集同类已建和在建地下工程的实际情况、基本的设计方法和施工技术等;

(2)了解同类地下工程的设计要点、步骤;

(3)掌握同类地下工程施工方案的确定、工艺方法和施工设备的选择、施工组织与管理方案;

(4)掌握相关规范、标准等法规文件的使用。

## 三、实习内容及要点

本毕业设计题目类型为明挖地下车站结构的设计,因此围绕明挖法地铁车站的相关内容

开展毕业实习,实习的内容及要点包括:

1. 调研与参观(学时:1 周)

通过文献检索、参观考察等方式,让学生对明挖法地铁车站的基本情况、设计方法和施工技术等有所认识和了解。

实习要点包括:

(1)文献检索:学生通过学校图书馆及在线文献数据库,查阅明挖法地铁车站的发展概况及相关设计、施工技术和要求;

(2)实地参观:结合毕业设计中的相关内容,组织学生实地参观成都地铁天府广场站,加深学生对设计对象的认识和理解。

2. 设计实践(学时:1 周)

学生进入中铁某设计院地铁设计部门从事设计实践工作,对明挖法地铁车站的设计流程、设计方法、设计要点、设计规范、工作模式等有所了解。

实习要点包括:

(1)了解设计阶段:可行性研究阶段、初步设计阶段、施工图设计阶段及其对应的工作内容和深度;

(2)了解设计要点:地下结构的横断面设计、纵断面设计、出入口及附属结构设计内容及要点,工程制图的方法和要求;

(3)了解设计流程:计算荷载、确定计算简图(重点了解荷载 – 结构模型)、内力计算分析、内力组合、配筋设计、绘制结构施工图、材料及工程量统计等;

(4)熟悉设计规范:相关设计规范的学习和使用。

## 四、实习形式与安排

调研和参观部分由毕业设计学生在指导教师的安排下,自行开展。设计实践由毕业设计指导教师联系设计单位以小组形式进入设计院,在设计师的指导下开展。学生应提前预习相关专业知识要点、全程参与并遵守实习相关规定,实习中认真记录和理解实习要点,采集必要的实习影像资料,实习结束后提交实习日志和实习报告。

具体的实习安排详见毕业设计指导教师制订的小组实习计划。

## 五、学生实习要求

1. 实习纪律

(1)学生应严格按照实习任务书、实习计划的要求和学校有关实习教学的管理规定,认真完成实习任务,要逐日记录实习内容和心得体会,并结合体会和收获按要求写好实习报告;

(2)学生必须接受实习指导教师、工程技术人员的领导,服从统一安排,积极主动地投入到各实习环节,并多问、多看、多思、多量、多记,尽量收集一手资料;

(3)学生实习期间应严格遵守实习接收单位的上下班制度、安全制度、工作操作规程、保密制度及其他各项规章制度；

（4）学生实习期间应虚心听取遵守工程技术人员、工人的指导和意见，主动协助实习接收单位做一些力所能及的工作，维护好学校声誉；

（5）实习期间不得无故缺席、迟到或早退，无特殊理由不得请假，请假需取得指导教师的书面同意，并提前告知实习接收单位。

2. 实习日志

要求学生实习期间每天记日记，填写要点包括：

（1）实习时间、地点、单位、内容、收获和体会，也可摘抄实习实测数据资料；

（2）收获与体会填写要求：应明确、精炼、完整、准确，应说明当日实习完后了解了什么内容，对专业的学习有何帮助，其他收获和感想。

3. 实习报告

实习结束后学生需撰写实习报告，实习报告要求如下：

（1）实习概述：对实习的基本概况从总体上做一简要介绍，包括实习目的、实习地点（站点）及实习形式等基本情况。

（2）实习主要内容：篇幅不少于 3000 字，包括实习时间、地点、单位、工程概况及特点，重点从与毕业设计相关的实习内容上去说明实习活动的开展情况、技术内容、对毕业设计的帮助。

（3）实习总结、收获体会：篇幅不少于 500 字，包括自己专业知识、实践能力等方面的收获，尚未理解或掌握的问题等。

（4）实习报告书写要求：放入毕业设计说明书的附录中，打印要求排版规范。

## 六、实习考核方式与成绩评分方法

根据学生的考勤和实习表现、实习日志、实习报告等材料给予评分，总评成绩按照实习综合表现（考勤、提问、纪律）占 30%、实习日志占 30%、实习报告占 40% 的比例确定。

实习成绩按照优秀、良好、中等、合格、不合格 5 个等级评定，其中优秀（90 分及以上）、良好（80～89 分）、中等（70～79 分）、及格（60～69 分）、不及格（60 分以下）。不参加考勤或无实习日志及实习报告者，成绩按"不及格"计。被评定为"不及格"的学生应重新进行毕业实习。

## 七、参考资料

［1］蒋雅君,邱品茗. 地下工程本科毕业设计指南（地铁车站设计）［M］. 成都:西南交通大学出版社,2015.

［2］高波,王英学,周佳媚,等. 地下铁道［M］. 北京:高等教育出版社,2013.

［3］王明年,于丽,刘大刚,等. 城市轨道交通地下车站设计与施工［M］. 北京:科学出版社,2014.

## 八、其他

（1）分散实习学生需另行提交翔实的实习任务书和实习计划，由校内指导教师审定后在实习接收单位按任务和计划开展，学生实习结束返校后应进行答辩；

（2）其他未尽之处按学校、学院、系室相关实习要求和规定执行。

# 第二十三章　地下工程毕业实习计划(示例)

| 实习名称 | 2017 年土木工程毕业实习(地下工程方向) | | |
|---|---|---|---|
| 学生班级 | 土木工程专业(地下工程方向)2017 届毕业设计学生 | 学生人数 | 3 人 |
| 学生题目 | XXX:成都地铁 18 号线 AA 站初步设计(明挖法地铁车站结构设计) | | |
| | YYY:成都地铁 18 号线 BB 站初步设计(明挖法地铁车站结构设计) | | |
| | ZZZ:成都地铁 18 号线 CC 站初步设计(明挖法地铁车站结构设计) | | |
| 指导教师 | A 副教授 | | |
| 实习时间 | 2017 年 2 月 27 日~2017 年 4 月 28 日 | | |
| 实习地点 | 校内、成都地铁天府广场站、中铁某设计院地铁设计部门 | | |

## 一、实习内容

本毕业实习主要包括明挖法地铁车站设计与施工技术的调研(文献检索)、运营地铁车站参观、地铁车站结构设计实践的相关内容,与毕业实习小组学生的毕业设计题目的工程类型紧密相关。

实习内容及要点详见毕业实习任务书。

## 二、实习形式

调研(文献检索)由毕业设计学生在指导教师的制定的计划下,利用校内图书馆的资料、在线文献数据库开展完成。运营地铁车站参观部分由毕业设计学生在指导教师的安排下,参观成都地铁天府广场站。设计实践由指导教师联系中铁某设计院,让学生分组进入该设计院地铁设计部门在设计师的指导下开展毕业实习环节的工作。

## 三、日程安排

(1)总体安排:为配合毕业设计相关内容的工作进度,不同环节的实习内容安排时间、时长、开展形式的总体安排见表23-1,总计时间 2 周。

(2)资料检索:开展时间为 2017 年 2 月 27 日~2017 年 3 月 2 日,学生在校内对资料进行检索,相关成果整理到毕业设计说明书绪论部分。

(3)车站参观:开展时间为 2017 年 3 月 17 日,学生实地考察与毕业设计题目类型同类的成都地铁运营车站的建筑布置,掌握地铁车站建筑设计的内容及要点。

(4)设计实践:开展时间为 2017 年 4 月 24 日~2017 年 4 月 28 日,学生进入中铁某设计院地铁设计部门开展设计实践。

(5)实习答辩:结合学生毕业设计答辩一并开展。

毕业实习环节与时间安排 表 23-1

| 序号 | 实 习 环 节 | 开展日期/时长 | 开 展 形 式 |
|---|---|---|---|
| 1 | 调研(资料检索) | 毕业设计第 1 周内/4 天 | 在校内图书馆、资料室检索文献 |
| 2 | 运营地铁车站参观 | 毕业设计第 3 周内/1 天 | 参观成都地铁天府广场站 |
| 3 | 设计实践 | 毕业设计第 9 周/1 周 | 赴中铁某设计院地铁设计部门实习 |

## 四、经费预算(表 23-2)

经 费 预 算 表 23-2

| 项 目 名 称 | 实习经费的具体事项(耗材等) | 经 费 预 算 |
|---|---|---|
| 交通 | | |
| 住宿 | | |
| 其他 | | |
| 经费合计 | | |

# 第二十四章 地下工程毕业实习学生报告(示例)[①]

课程名称：**毕业实习(地下工程方向)**　　　课程代码：　　0100812
实习周数：　　　**2 周**　　　　　　　　　学　　分：　　　8.0
实习单位：**校内、成都地铁、中铁某设计院**　实习地点：　　成都
实习时间：　　2017.02.27　　　　至　　　　2017.04.28

## 一、毕业实习概述

土木工程专业地下工程方向毕业实习是参与毕业设计的学生结合毕业设计内容而开展的专业实践活动。对毕业设计题目中的某一类特定地下工程类型,有针对性地继续深化学生在设计或施工环节的训练,并熟悉相关设计和施工规范的查阅和使用,进一步强化学生对工程的认识和理解,进而提高能较为熟练地运用专业知识分析和初步解决工程实际问题的能力,为完成毕业设计和从事相关专业工作奠定基础。

我的毕业设计题目类型为明挖法地铁车站设计,因此毕业实习也围绕着明挖法地铁车站设计、施工相关的内容开展,包括调研(文献检索)、运营地铁车站参观、地铁车站结构设计实践等环节。文献检索部分是通过学校在线文献数据库、学校图书馆资料等方式,调查和收集地铁及车站相关的发展情况、设计和施工技术要点。运营地铁车站参观主要是选择成都地铁天府广场站进行参观,加深对地铁车站建筑设计要点的理解和掌握。设计实践则是进入中铁某设计院地铁设计部门,跟随设计师从事地铁结构的设计工作,以更好地完成毕业设计。

由于毕业实习中的文献检索成果已经在毕业设计说明书的绪论中体现,因此在实习报告中主要对运营地铁车站参观、设计实践这两个环节的内容进行说明和总结。

## 二、运营地铁车站参观

当我们小组的毕业设计进入到地铁车站的建筑设计阶段时(毕业设计第 3 周内),为了加深我们对地铁车站建筑设计的理解和认识,我们去参观了成都地铁天府广场站,重点考察了天府广场站的站厅层与站台层的建筑布置、标准区段的尺寸、出入口和楼梯的宽度和布置位置、换乘通道的布置等相关内容。

---

[①] 本实习报告节选自西南交通大学地下工程方向毕业生王平(2013 届)、田源(2017 届)的毕业实习报告,蒋雅君副教授做了修改和补充。

**1. 参观车站概况**

成都地铁天府广场站是成都地铁 1 号线与 2 号线的换乘站,也是一个地下综合体,目前开放 9 个出入口(图 24-1),周边分布有天府广场、四川科技馆、成都博物馆(在建)、皇城清真寺、四川美术馆、锦城艺术宫、盐市口商圈等建筑。从竖向组合来看,它由四层组成:地下一层是下沉广场,周围是商铺,地下二层是站厅层,地下三层和四层分别是一号线、二号线的站台层。天府广场站各层的布置情况详见表 24-1。

a)出入口       b)出入口楼梯

图 24-1 下沉式广场出入口

**天府广场车站布置**      表 24-1

| 层 数 | 车站布置情况 |
| --- | --- |
| L1 | 下沉式广场出口 |
| L2 | 站厅;自动售票机;车站商店 |
| L3 | 侧式站台(出站,换乘 2 号线) |
| | ←1 号线往火车北站、升仙湖方向← |
| | 岛式站台(上车) |
| | →2 号线往火车南站、世纪城方向→ |
| | 侧式站台(出站,换乘 2 号线) |
| L4 | ←2 号线往茶店子客运站、犀浦方向← |
| | 岛式站台(上下车,换乘 2 号线) |
| | →2 号线往春熙路、成都行政学院方向→ |

**2. 站厅层建筑布置**

天府广场站总面积 3.1 万 m²,其中站厅 2.2 万 m²、站台 0.7 万 m²,是目前成都地铁最大的一个车站。它的站厅层比较特殊,中间公共区部分为圆形,两端为车站设备和管理用房。天府广场周围客流量大,出入口直接连通广场东西南北各个方向,以及百盛、博物馆等地面建筑。为了应对如此巨大的站点和复杂出口,地铁车站内设置了大量导向标识(图 24-2),以避免乘客迷路。站厅层设置有大量的楼梯通往一号线、二号线站台,并且有大量的标识提醒乘客乘车。

a)地面指示箭头　　　　　　　　　　　　　b)换乘通道标识

图 24-2　站内换乘指示标识

　　站厅内设了大量的售检票设施，包括自动售票机、人工售票机、临时售票口以及闸机，这些设施数量的设置可根据远期预测客流量计算求得（图 24-3）。车站也设置了无障碍通道和一些无障碍设施充分考虑了残疾人士的乘车需求，体现了"以人为本"的理念（图 24-4）。

图 24-3　站内检票设施　　　　　　　　　图 24-4　残疾人扶手

### 3.站台层建筑布置

　　一号线站台（地下三层）是在岛式站台的基础上在两条轨道的另一侧，各修了一个侧式站台（图 24-5），这样就形成了一边上一边下，能快速疏散客流。一号线站台的岛式站台宽度13m，侧式站台 4m，站台总宽度为 21m，柱宽为 2m，站台有效长度 130m，其中站台宽度和站台有效长度由相关设计规范中给出的公式计算得到。

　　地下四层为二号线站台层，为岛式站台，宽度 13m。除了直通站厅层的出站楼梯外还设有与一号线换乘的楼梯（图 24-6），站台内也安排了人员指引乘客的换乘。

　　成都地铁天府广场站采用单向换乘，1、2 号线乘客互相换乘而并不互相影响。由 1 号线换乘 2 号线需在列车前进方向的右侧车门下车后通过扶梯到达 2 号线站台；由 2 号线换乘 1 号线需要在岛式月台中部上楼梯或乘坐直升电梯到达 1 号线站台。

　　通过实地考察天府广场站，又加深了我对地铁车站建筑设计的认识，对我毕业设计中车站建筑设计部分的顺利进行起了很大的作用，能比较清楚地对比着自己的设计车站相关的设计参数进行地铁车站的建筑设计和布置。

图 24-5　岛式加侧式站台　　　　　　　　图 24-6　换乘楼梯

## 三、地铁车站结构设计实践

当我们的毕业设计进入车站结构设计阶段之后(毕业设计第 9 周内),指导教师安排我们去了中铁某设计院地铁分院进行为期一周的设计实践,希望通过这一周的实习能让我们了解地铁车站结构设计的要点、设计流程,熟悉设计规范并体验设计院的工作模式。在这一周期间,我主要的实习内容是跟随设计师学习地铁车站的设计图纸,熟悉地铁车站结构的设计工作流程,同时学会查阅和使用相关设计规范(图 24-7、图 24-8)。

图 24-7　学习设计图纸　　　　　　　　图 24-8　实习期间查阅过的规范

设计院的指导教师给了我一套成都地铁 6 号线某车站的设计图纸,并指导我学会如何去看结构施工图、施工图由哪些部分组成、CAD 制图的一些基本要点等。通过学习该套图纸知道,地铁车站主体结构施工图主要包括主体结构设计说明、车站总平面图、顶中底板结构平面布置图、主体结构横纵剖面图以及各结构构件配筋图等部分。在主体结构设计说明部分,对设计依据、设计原则及技术标准、材料、钢筋连接等内容都进行了详细的说明。之后便是结构的平面布置图以及横、纵剖面图,清楚的显示了车站主体结构各构件的布置及尺寸。最为主要的是配筋图,在绘制过程中要注意钢筋的标注、图例以及画法等,同时也要根据平面整体表示方法进行绘制。通过对该主体结构施工图的学习,对我毕业设计中相关图纸的绘制有了很大的帮助,让我认识到 CAD 绘制图纸时的要点,从而可以更加顺利的完成图纸绘制的任务。

实习过程中设计师也教会我如何查阅与地铁车站相关的设计规范，并与我的毕业设计相结合进行学习与理解。主要依据《地铁设计规范》（GB 50157—2013）的相关章节进行地铁车站的设计，在进行围护结构设计时也要参照《建筑基坑支护技术规程》（JGJ 120—2012）进行较为详细的设计与验算，在进行主体结构设计时也要参考《建筑结构荷载规范》（GB 50009—2012）、《混凝土结构设计规范》（GB 50010—2010）等进行计算、配筋等工作。因此在完成一项车站设计工作首先要做的便是遵守规范，根据规范进行设计，同时也要综合参考相关设计规范，不能局限于一部规范，力求使设计更加合理、安全。

在设计院的实习过程中，我也请教了设计师一些结构计算上的问题，包括计算模型、计算软件、配筋设计及图纸的绘制，设计师都耐心给我做了解答，让我受益匪浅。同时，在这一周的实习期内，我也体验了设计院的那种紧张、忙碌、高效的工作氛围，也让我非常向往将来能从事地铁的设计工作。

通过这次在设计院的毕业实习，我收获良多。在进行实习的过程中通过询问设计师和自身加强学习我解决了很多之前难以想通的问题以及容易忽略的细节。在实习期间我也接触到大量的工程实例，对我的毕业设计有很大的帮助。我相信通过这一段时间的实习，所获得的实际经验让我终身受益，我会不断的理解和体会实习中所学到的知识，在之后的研究生学习中将理论知识与实践相结合，进一步提升自己。

## 四、实习总结、收获体会

这次毕业实习结束以后，我又查阅了相关的图纸、设计和施工规范，结合自己做的地铁车站毕业设计进行了思考和分析，我对地铁车站的建筑布局以及地铁车站设计过程有了进一步的了解。其中通过天府广场站的参观，我对于大型换乘地铁车站的建筑布置有了直观的了解，对于自己进行车站建筑布置起到了很好的指导作用。在设计院的实习中，我对地铁车站结构设计也有了更深入的认识，尤其开始重视设计规范对地铁结构设计的重要指导和约束作用，提醒自己在毕业设计中需要严格按照设计规范的要求去开展相关的设计和计算，也为我顺利完成毕业设计奠定了基础。

总体而言，此次毕业实习让我对地下工程的施工和设计都有了一定的认识与了解，也让我对所学专业知识有了进一步的巩固与理解，使我能够将理论知识与实际设计相结合，更加顺利完美地完成毕业设计，也让我对之后的学习与工作打下了一定的基础。通过这次毕业实习也让我认识到了自己的不足，一个地铁车站的设计所涉及的专业非常多、知识面也非常宽，我所做的毕业设计仅仅是其中非常小的一方面，我需要学习的知识还非常多。同时我也认识到，作为一名土木工程专业的学生，我们将来在实际工作中需要解决的大多是工程实际问题，因此也务必要将所学的理论知识与实践相结合，才能更好地实现自我价值。

# 第六篇

## 其他文件

# 第二十五章　本科生实习工作管理规定(示例)[1]

## 一、总则

**第一条**　实习教学是学校教学工作的重要组成部分,是巩固学生的理论知识,培养学生实践能力、创新能力的重要环节,是提高学生分析问题、使学生了解社会、接触生产实际、增强劳动观念、实现人才培养目标的重要途径。为了进一步加强和规范实习工作的管理,提高教学质量,特制订本管理规定。

**第二条**　本规定所指的实习是教学计划规定的认识实习、生产实习、毕业实习、社会调查等实践性教学环节。

## 二、实习的组织与管理

**第三条**　实习工作在主管校长的领导下,实行校、院两级管理。教务处协助校领导进行全校实习的组织管理工作。各学院由分管教学的副院长(主任)负责,具体完成实习的主要组织和实施。学校其他部门协调共同做好相关工作。

各级管理部门的职责分别为:

(一)教务处:

1. 审查综合全校各专业实习计划;

2. 审查各实习队指导教师资格、人数;

3. 制订实习的指导性文件;审定实习实施计划,审查实习大纲;研究、处理实习中的重大问题;

4. 负责实习经费的分配、审核和实习证明的签发;

5. 配合各学院建立实习基地;

6. 组织实习教学检查与评估,评选和表彰实习中的校级先进单位和个人。

(二)各有关学院:

1. 审核批准有关教研室拟定的实习计划、实习指导教师的名单,于每年 12 月底以前填报"各专业实习计划表"(包括集中实习和分散实习),并按期上报教务处;

2. 组织编写实习大纲、实习教材或实习指导书;

3. 认真选择实习地点,按照就地就近和相对稳定的原则,争取每个专业都能建立一个相对

---

[1]　本文件节选自《西南交通大学本科生实习工作管理规定》(2007 年 7 月修订)。

稳定的实习基地;

4.组织教师做好实习准备工作,搞好实习学生出发前的组织和思想教育工作;

5.指导本学院各专业实习工作,并深入实习现场开展调查研究,解决实习中的问题;

6.遴选实习指导教师:

(1)实习指导教师是实习的具体组织者,应由熟悉企事业单位经营管理、生产过程和环节等方面知识、工作责任心强、有一定组织能力的中级及以上技术职称的教师担任。

(2)为了保证实习质量,各学院应指派一定数量的教师进行实习指导。原则上按20～30人配备1名指导教师。

7.检查实习质量,并组织开展实习总结工作:

(1)实习结束以后,组织各实习队认真做好实习总结工作。

(2)完成实习总结、学生实习报告等相关资料的归档工作。

(3)组织评选实习中的先进实习队和个人,并向学校推荐其中有突出成就的单位和个人,参加优秀教学成果奖的评选。

第四条　实习指导教师职责

(一)根据实习大纲,结合实习单位的具体情况,拟定实习实施计划和日程表。

(二)讲授实习大纲内容,让学生明确实习的目的和要求。

(三)指导学生写好实习日志、实习作业、实习报告等。

(四)加强学生思想教育、安全教育、纪律教育。实行逐日考勤制度,对违反纪律的学生应及时处理。

(五)贯彻启发式的实习指导原则,采用"两结合"和"四勤两疑"方法,即生产实习和生产任务相结合,学生观摩与动手相结合;要求学生勤观摩、勤问、勤思考、勤动手,指导教师要认真进行质疑和答疑。

(六)与实习单位加强联系,争取对方的指导和帮助。利用实习机会,适当承担生产任务、技术改造、技术咨询、专业讲座和科研工作,密切校企合作。

(七)负责实习队的车票、经费开支食宿等事宜的落实,并注意节约。

(八)实习结束后,根据学生实习期间的表现、实习报告的质量以及考核结果等,评定实习成绩。做好实习总结工作,并于实习结束后1周内填写好"教学实习指导教师工作报告",连同学生实习成绩、实习报告等资料交学生所在学院存档。

第五条　对实习学生的要求

(一)严格遵守国家的政策法规及实习单位的安全、保密及劳动纪律等有关制度。

(二)严于律己,要树立吃苦耐劳的精神,要有事业心和责任感,自觉维护学校和集体的荣誉。

(三)必须服从实习队的统一安排和指挥,遵守实习的有关规章制度。实习中必须统一行动,注意人身和财物安全,防止意外事故的发生。实习期间不得独自行动和在外住宿。学生因违纪造成的一切后果自负,并将受到相应的纪律处分。

(四)按时完成实习大纲规定的实习项目,认真填写实习日志,并按要求完成实习作业、实习报告并参加考核。

## 三、实习教学计划

**第六条**　实习教学计划是专业教学计划的重要组成部分,由学院组织有关人员根据各专业培养目标和学科特点制订,并注重与理论教学的衔接。

**第七条**　教学计划确定后原则上应保持稳定。若因特殊原因需调整实习教学计划,应报教务处审批并备案。

## 四、教学大纲、实习指导书

**第八条**　教学大纲、实习指导书是根据教学计划,以纲要的形式编写的实习环节(课程)教学内容的指导性文件,是进行实习教学工作的依据。凡本科培养计划,实践教学设置细化表中设置的各类教学实习,都应根据不同的教学目标,制订相应的实习大纲和实习指导书,报教务处审核批准后实施。

**第九条**　原则上统一实习大纲和实习指导书的内容和格式。但因学科特点,个别学院可自行统一实习教学大纲和实习指导书,并报教务处备案。

1. 实习教学大纲的内容应包括:

(1)实习性质、目的和任务;

(2)实习的内容、形式、方法和时间安排;

(3)实习环境和方式;

(4)教师责任;

(5)学生实习要求;

(6)实习报告或作业的内容及要求;

(7)实习考核方式与成绩评分办法;

(8)参考资料;

(9)大纲制订人、审核人及制订时间。

2. 实习指导书,主要内容应包括:

(1)实习过程中的各个具体步骤;

(2)实习报告内容及格式;

(3)实习成绩评定。

## 五、实习单位的选定

**第十条**　单位要满足本科教学实习任务的要求,提供实习学生必需的食宿、学习、卫生、安全等基本条件。在保证实习效果和质量的前提下,学院应按照就近就地、相对稳定,节约经费的原则,争取每个专业都能建立一个相对稳定的实习基地。

**第十一条**　应采取积极有效的措施,通过产、学、研合作与相关企事业单位建立较稳定的实习关系,条件成熟的应使之成为相对固定的教学实习基地,确保实习质量。

## 六、实习成绩考核

**第十二条** 指导教师按照实习大纲的要求,根据学生的实习日志、作业、实习报告、考查成绩、答辩成绩(针对 3 周及以上的分散实习,学院可根据具体情况组织学生答辩)以及纪律表现等情况综合评定实习成绩。

**第十三条** 实习成绩评定标准

实习成绩按优、良、中、及格、不及格五级评定。

1. 优(相当于 90～100 分):全部完成实习大纲的要求;实习报告有丰富的实际材料,并对实习内容进行全面、系统的总结;能运用学过的理论对某些问题加以深入地分析;考核时能圆满回答问题;无违纪现象者。

2. 良(相当于 80～89 分):全部完成实习大纲的要求,实习报告比较系统地总结了实习内容,考核时能圆满回答问题,无违纪现象者。

3. 中(相当于 70～79 分):基本完成实习计划要求,实习报告和实习日志较好地总结和体现了实习内容,考核时较好地回答问题,无违纪现象者。

4. 及格(相当于 60～69 分):达到实习大纲中规定的基本要求,实习报告有主要的实习材料,内容基本正确,但不够完整、系统,考核中能基本回答主要问题,但有某些错误。

5. 不及格(60 分以下),凡有以下情况之一者,以不及格论:

(1)未达到实习大纲规定的基本要求者;

(2)抄袭他人实习成果者;

(3)实习报告混乱,分析有原则性的错误,考查不能正确回答主要问题;

(4)实习中缺课达三分之一以上或者无故旷课 3 天以上者;

(5)实习中严重违反实习纪律,造成严重安全责任事故、其它严重事故或造成恶劣影响者。

**第十四条** 实习不及格者必须重新参加实习,所需费用由本人自理。

## 七、实习经费管理与使用

**第十五条** 实习经费每年由学校根据学院提交实习计划的需求划拨给学院,学院负责具体管理和使用。学校由教务处负责学院实习经费的使用进行审核和监督。

**第十六条** 学院应本着"合理开支、严格审查、专款专用、厉行节约"的原则,加强对实习经费的管理。实习费用的开支与报销标准,按照学校经费管理的有关规定执行。

## 八、附 则

**第十七条** 学校原有相关规定与本规定抵触的,以本规定为准。

**第十八条** 本规则由学校授权教务处负责解释。

# 附　录

扫描二维码，
下载附录表格

# 附录 A 实习日志

# 实习日志

_____

院 （系）：_____

专　　业：_____

年　　级：_____

指导教师：_____

姓　　名：_____

学　　号：_____

班　　级：_____

实习时间：_____至_____

年　　月　　日

| 实习日期 | 年　月　日 | 实习时间 | 时　分~　时　分 |
|---|---|---|---|
| 实习地点 | | 实习单位 | |
| 实习内容 | | | |
| 收获与体会 | | | |

（根据实习内容可附页）

# 附录 B　认识实习报告

# 地下工程认识实习报告

院　（系）：＿＿＿＿＿＿＿＿＿＿＿

专　　业：＿＿＿＿＿＿＿＿＿＿＿

年　　级：＿＿＿＿＿＿＿＿＿＿＿

指导教师：＿＿＿＿＿＿＿＿＿＿＿

姓　　名：＿＿＿＿＿＿＿＿＿＿＿

学　　号：＿＿＿＿＿＿＿＿＿＿＿

班　　级：＿＿＿＿＿＿＿＿＿＿＿

实习时间：＿＿＿＿＿至＿＿＿＿＿

年　　月　　日

## 一、专业讲座

| 日　期 | 年　月　日 | 时　间 | 时　分～时　分 |
|---|---|---|---|
| 教　室 | | 专业方向 | |
| 讲座题目 | | 讲座教师 | |
| 讲座主要内容、收获、体会 | | | |

（根据讲座数量，可附页）

## 二、认识参观

| 日　期 | 年　　月　　日 | 时　间 | 时　分～时　分 |
|---|---|---|---|
| 参观地点 | | 专业方向 | |
| 指导教师 | | | |
| 参观主要内容 | | | |

（根据参观工点，可附页）

## 三、认识和体会

| | |
|---|---|
| 认识和体会<br>（不少于 500 字） | |
| 成绩评定<br>（教师填写） | 评语：<br><br><br><br><br><br><br>成绩：　1.优秀（　）　2.良好（　）<br>　　　　3.中等（　）　4.及格（　）<br>　　　　5.不及格（　）<br><br>指导教师：_____<br>年　　月　　日 |

# 附录 C 生产实习报告

# 地下工程生产实习报告

院　（系）：_____

专　　　业：_____

年　　　级：_____

指导教师：_____

姓　　　名：_____

学　　　号：_____

班　　　级：_____

实习时间：_____至_____

年　　月　　日

课程名称：_____　　课程代码：_____

实习周数：_____　　学　　分：_____

实习单位：_____　　实习地点：_____

实习方式：□面上实习　　　□卓越实习　　　□自行联系单位分散实习

---

一、实习的任务、作用和目的

二、实习主要内容

（根据实习内容，可另附页）

三、实习总结、收获体会

四、实习指导老师评语

成绩： 1.优秀( ) 2.良好( )
　　　 3.中等( ) 4.及格( )
　　　 5.不及格( )

指导教师：＿＿＿＿＿＿＿＿
　　　　　 年　　月　　日

# 附录 D 企业实习报名表

| 学生基本信息 | | | | | |
|---|---|---|---|---|---|
| 姓名 | | 学号 | | 性别 | |
| 专业 | | 校内指导教师 | | | |
| 手机号 | | 邮箱 | | | |
| 实习单位信息 | | | | | |
| 接收单位 | | | | | |
| 单位地址 | | | | | |
| 联系人 | | 联系电话 | | | |
| 起止时间 | | 实习地点 | | | |
| 实习意愿及意见 | | | | | |
| 学生个人意愿 | （请说明是否愿意赴该单位进行实习,并服从学校和实习单位的管理）<br><br><br>学生签名: 日期: | | | | |
| 校内指导教师意见 | （请说明是否同意学生赴该单位进行实习）<br><br><br>校内指导教师签名: 日期: | | | | |
| 实习接收单位意见 | （请说明是否同意接收该学生进行实习）<br><br><br>实习单位负责人签名(盖章): 日期: | | | | |

# 附录 E　企业实习安全责任承诺书

实习期间本人承诺如下：

一、本人在实习期间，保证遵守国家的法律法规，严格按学校和实习单位的有关规定，遵守实习纪律要求，听从实习单位指导教师和学校指导教师的安排，牢记实习安全教育内容，不做任何违纪违法、有损学校形象的事情。

二、实习期间不擅自外出参与实习无关、存在安全隐患的活动（如旅游、爬山、游泳等）。若有急事要事需外出办理，应向实习单位指导教师和学校指导教师提交书面申请，签署实习临时离队安全责任承诺书，并告知家长或其他紧急联络人本人将离开实习队的情况，经实习单位指导教师和学校指导教师确认后，方可离队，否则视为擅自脱离实习组织并自行承担由此产生的可能后果。

三、在实习期间，保管好自己的钱、财、物等，并对自身的安全负全部责任。增强安全防范意识，采取必要的安全防护措施，保证自身的安全。

四、在实习中如遇到本人难以处理的事情，及时向实习单位指导教师和学校指导教师报告，以争取事情的妥善解决。

五、坚决与传销组织、邪教组织或其他非法组织划清界限，拒绝从事任何形式的非法传销或宗教活动，提高警惕，不轻易听信任何人，以免上当受骗。

六、本人有特异体质或特定疾病，或有其他不宜参加实习活动的情形，应在实习开始前书面向学校指导教师提出说明并经教师、院校确认；若无本人的事先、书面说明，视为本人知晓并确认本人的身体、生理状况适应参加本次实习活动。

学院：＿＿＿＿＿＿＿＿　　　专业：＿＿＿＿＿＿＿＿　　　班级：＿＿＿＿＿＿＿＿

承诺人签名：＿＿＿＿＿＿＿＿＿＿＿＿

日　期：＿＿＿＿＿＿＿＿＿＿＿＿

# 附录 F　企业实习临时离队安全 责任承诺书

本人_____,学号:_____,因为_____原因,在实习单位指导教师_____和学校指导教师_____劝说无效的情况下,主动要求临时离队暂时结束实习,离队时间为_____至_____。

本人承诺离开实习队伍期间,如有任何与本人相关的安全事故(伤、亡、失踪等或致使他人损害的情形)发生,本人承担全部责任,与学校、学院(中心)、实习单位、指导教师和带队教师无关。

承诺人:_____

日　期:_____

证明人:_____

日　期:_____

承诺人提供的家长或紧急联络人姓名:_____

与学生关系:_____

电话:_____

注:1. 该承诺书落款需离队学生本人签名确认,两名(含两名)以上其他同学证明签字并注明时间等。

2. 学生因个人原因离队的情况,将由该生在实习开始时或离队时由本人告知其家长或其他紧急联络人,并附上该生提供的家长或其他紧急联络人姓名和电话,以便带队老师核实其家长或紧急联络人是否知悉。

# 附录 G　校外分散实习申请表

| 学生姓名 | | | 学　号 | | |
|---|---|---|---|---|---|
| 专业方向 | | | 班　级 | | |
| 联系电话 | | | 邮　箱 | | |
| 实习专业方向 | | | | | |
| 学生申请理由及安全责任承诺 | 本人自愿申请到本表所列单位进行毕业(生产)实习,并与学校签订毕业(生产)实习安全保证书。<br>学生签名:　　　　　　　　　　　　　　年　月　日 | | | | |
| 实习单位信息 | 名　称 | | | | |
| | 企业专业、业务范围 | | | | |
| | 实习单位地址 | | | | |
| | 联系人姓名 | | 电　话 | | |
| | 是否同意接收 | □同意接收　　　　□不同意接收<br>(若同意,附接收函原件或传真件) | | | |
| 校内联系人 | 姓　名 | | 联系方式 | | |
| 家长意见及联系信息 | 同意□　　不同意□　　(若同意,附同意书原件或传真件)<br>家长姓名:　　　　　　联系电话:<br>工作单位: | | | | |
| 本科生导师意见 | 本科生导师签字: | | | | |
| 系(室)教学负责人意见 | 系(室)教学负责人签字: | | | | |
| 接收单位<br><br>(盖章)<br><br>负责人签字:<br>　　年　月　日 | | | 土木工程学院<br><br>(盖章)<br><br>教学副院长签字:<br>　　年　月　日 | | |

# 附录 H　校外分散实习安全保证书

为加强学生生产实习和毕业实习期间学生外出实习管理工作,确保学生圆满完成实习任务,特制订学生实习安全注意事项如下:

一、遵纪守法注意事项:在校内外实习期间要做到遵守学院和实习单位的各项规章制度及操作规程。不要酗酒,以免饮酒过度发生意外;不参与赌博;不涉足淫秽物品;不参与封建迷信活动;遇到违法事件,要及时报警,一定要确保自身生命安全。

二、防抢防盗注意事项:妥善保管好自己的财物及各种证件;晚上不得单独外出,不轻信陌生人,不与网友会面,实习(上班)往返途中要注意自身行李物品财物安全,不可放松警惕。

三、交通安全注意事项:行走和骑自行车要自觉遵守交通规则,不酒后或无证驾驶机动车。

四、防骗注意事项:社会上有很多违法犯罪分子利用结交或推销之骗术,引诱大学生上当。主要有:伪装身份,直接骗钱;勒索财物;骗取信任,掩盖作案真相;利用关系,引诱上钩等。因此在实习往返途中和实习期间尽量不与陌生人交往,不向陌生人透露自己的情况和信息,不贪小便宜,轻信他人。不得参与传销组织的活动。

五、其他注意事项:在实习(上班)期间,要按照教学的要求,按时、按计划进度完成毕业生产实习的内容,不仅要与学校指导教师保持联系,还要定时与家长保持联系。实习结束后,务必立即返回学校,未按时返回学校或未经允许私自外出者,后果自负。

最后预祝同学们能够愉快的度过一个安全、文明的实习期。

--------------------------------------------------------------------------------

**土木工程学院:**

在毕业(生产)实习期间,我本人一定按照上述注意事项中提出的要求,在保证安全的基础上,积极认真的完成好此次实习的任务。因违反法律法规、企业与学校的规章制度而造成的未按计划完成生产实习任务和人身安全事故,以及意外伤害,其后果自负。

实习保证人:_____　　班级:_____　　联系电话:_____

年　　月　　日

# 附录 I  校外分散实习登记表

| 姓　名 | | | 学　号 | | |
|---|---|---|---|---|---|
| 专　业 | | | 班　级 | | |
| 联系电话 | | | 邮　箱 | | |
| 接收单位名称、地址 | | | | | |
| 实习内容 | | | | | |
| 校外指导教师 | 姓　名 | | | 职　称 | |
| 校内指导教师 | 姓　名 | | | 职　称 | |
| 校内联系人 | 姓　名 | | 联系方式 | | |
| 校内辅导员意见<br>（须由辅导员亲笔填写并签字） | 辅导员签字：<br><br>年　月　日 | | | | |
| 校内指导教师及系室意见<br>（须由指导教师亲笔填写并签字） | 指导教师签字：<br><br>系主任签字：<br><br>年　月　日 | | | | |
| 学生签名<br><br><br>年　月　日 | 土木工程学院<br><br>（盖章）<br><br>年　月　日 | | | | |

注：本表一式两份，一份交学院备案，一份交校外实习单位备案。

# 附录 J  校外分散实习承诺书

根据我校《本科教育规范》中有关本科生实习的相关规定：

1. 学生生产实习期间必须服从实习指导老师统一安排和遵守实习单位的有关规章制度，实习中必须统一行动，注意人身和财产安全，防止意外事故发生，实习期间不得独自行动和在外住宿，学生因违纪造成的一切后果自负，并将受到相应的纪律处分。

2. 学生一般不准请事假，极个别学生有事需本人亲自处理者，事先提出请假报告，说明理由，3 天以上由学院教学副院长审查批准，送学校备案。

3. 对旷课无故不参加教学计划规定的各项活动的学生，由学院给予批评教育，情节严重者给予纪律处分，实习旷课累计达 12 学时及以上者，给予警告处分；达 24 学时及以上者，给予严重警告处分；达 36 学时及以上者给予记过处分；达 50 学时及以上者，令其退学。

为切实加强学生实习管理，保障学生人身安全，维护学校正常教育教学秩序和生活秩序，学院原则上不允许在校全日制学生自行外出实习，针对个别因特殊情况申请外出实习的学生，学院特将学生校外实习责任进行说明：学生外出实习期间所发生的一切人身伤害、财产损失、纠纷事故等，其后果完全由学生及家长承担，学院不承担任何责任。

土木工程学院

**2017 年 6 月**

------------------------------------------------

本人_____，学号：_____，联系方式：_____，郑重承诺：本人已经详细阅读我校《本科教育规范》并熟知学院关于分散实习的规定，现自愿申请校外分散实习（实习单位：_____，实习期：_____年_____月_____日至_____年_____月_____日），实习期间本人将会严格遵守学校的规定和要求，在校外实习期间发生的一切人身伤害、财产损失、纠纷事故等其后果完全由本人及家长承担。

承诺人：_____    家长签字：____年____月____日

家长联系方式：_____  实习单位紧急联系人：_____  联系方式：_____

------------------------------------------------

在校外实习期间，本人将严格按照学院的规定，自行完成实习学习，并在实习指导老师的指导下按时完成实习的相关工作，恳请指导老师予以批准。

指导老师签字：_____                     ___年___月___日

分管教学副院长签字：_____                ___年___月___日

# 附录 K　企业实习鉴定表

| 学生姓名 | | 学号 | | 班级 | |
|---|---|---|---|---|---|
| 专业方向 | | 实习单位 | | | |
| 实习部门 | | 起止时间 | | 至 | |
| 个人实习小结 | | | | | |

学生签名：

年　　月　　日

| | |
|---|---|
| 企业指导教师评语 | 企业指导教师签名：<br><br>年　　月　　日 |
| 实习单位负责人评价 | 实习单位负责人签名(盖章)：<br><br>年　　月　　日 |

注：本表请双面打印，手工填写；也可采用实习单位相关适用表格。

# 参 考 文 献

［1］ 高等学校土木工程学科专业指导委员会. 高等学校土木工程专业规范［M］. 北京:中国建筑工业出版社,2011.

［2］ 袁翔. 土木工程类专业生产实习指导书［M］. 成都:西南交通大学出版社,2013.

［3］ 中国岩石力学与工程学会地下空间分会,中国人民解放军理工大学国防工程学院地下空间研究中心,南京慧龙城市规划设计有限公司. 2015 中国城市地下空间发展蓝皮书［M］. 上海:同济大学出版社,2016.

［4］ 叶志明,姚文娟,汪德江. 土木工程概论［M］. 北京:高等教育出版社,2016.

［5］ 关宝树. 地下工程［M］. 北京:高等教育出版社,2011.

［6］ 高波,王英学,周佳媚,等. 地下铁道［M］. 北京:高等教育出版社,2013.

［7］ 何川,张志强,肖明清. 水下隧道［M］. 成都:西南交通大学出版社,2011.

［8］ 王明年,于丽,刘大刚,等. 城市轨道交通地下车站设计与施工［M］. 北京:科学出版社,2014.

［9］ 仇文革,郑余朝,张俊儒,等. 地下空间利用［M］. 成都:西南交通大学出版社,2011.

［10］ 蒋雅君,邱品茗. 地下工程本科毕业设计指南(地铁车站设计)［M］. 成都:西南交通大学出版社,2015.

［11］ 申玉生. 地铁文化与艺术［M］. 北京:中国铁道出版社,2015.

［12］ 陈馈. 盾构隧道施工技术［M］.2 版. 北京:人民交通出版社股份有限公司,2016.

［13］ 关宝树. 矿山法隧道修建关键技术［M］. 北京:人民交通出版社股份有限公司,2016.